谨以此书献给中山大学一百周年华诞

（1924 — 2024）

谭红铭 瞿俊雄 王英勇 著

佳木嘤鸣
康乐园鸟类鉴赏

中山大学出版社
SUN YAT-SEN UNIVERSITY PRESS

·广州·

图书在版编目（CIP）数据

佳木嘤鸣：康乐园鸟类鉴赏 / 谭红铭，瞿俊雄，王英勇著 . —广州：中山大学出版社，2023.12

ISBN 978-7-306-07767-7

Ⅰ . ①佳…　Ⅱ . ①谭…　②瞿…　③王…　Ⅲ . ①鸟类－广州－图集　Ⅳ . ① Q959.708-64

中国国家版本馆 CIP 数据核字（2023）第 216015 号

JIAMU YINGMING:KANGLEYUAN NIAOLEI JIANSHANG

出 版 人：王天琪
策划编辑：陈文杰
责任编辑：陈文杰
封面设计：林绵华
装帧设计：林绵华
责任校对：廖翠舒
责任技编：靳晓虹
出版发行：中山大学出版社
电　　话：编辑部 020-84110776，84113349，84111997，84110779
　　　　　发行部 020-84111998，84111981，84111160
地　　址：广州市新港西路135号
邮　　编：510275　　传　真：020-84036565
网　　址：http://www.zsup.com.cn　E-mail:zdcbs@mail.sysu.edu.cn
印 刷 者：广州市人杰彩印厂
规　　格：889mm×1194mm　　1/16　　21.75印张　　644千字
版次印次：2023年12月第1版　　2023年12月第1次印刷
定　　价：120.00元

目录

鸊鷉目

小鸊鷉 *Tachybaptus ruficollis* / 2

鹳形目

小白鹭 *Egretta garzetta* / 4

池鹭 *Ardeola bacchus* / 6

牛背鹭 *Bubulcus coromandus* / 8

紫背苇鳽 *Ixobrychus eurhythmus* / 10

白胸苦恶鸟 *Amaurornis phoenicurus* / 12

黑水鸡 *Gallinula chloropus* / 14

白喉斑秧鸡 *Rallina eurizonoides* / 16

鹰形目

黑冠鹃隼 *Aviceda leuphotes* / 18

凤头鹰 *Accipiter trivirgatus* / 20

赤腹鹰 *Accipiter soloensis* / 22

白腹鹞 *Circus spilonotus* / 24

普通𫛢 *Buteo japonicus* / 26

鸻形目

丘鹬 *Scolopax rusticola* / 28

白腰草鹬 *Tringa ochropus* / 30

鸥形目

三趾鸥 *Rissa tridactyla* / 32

鸽形目

绿翅金鸠 *Chalcophaps indica* / 34

珠颈斑鸠 *Spilopelia chinensis* / 36

山斑鸠 *Streptopelia orientalis* / 38

鹃形目

红翅凤头鹃 *Clamator coromandus* / 40

八声杜鹃 *Cacomantis merulinus* / 42

四声杜鹃 *Cuculus micropterus* / 44

中杜鹃 *Cuculus saturatus* / 46

乌鹃 *Surniculus lugubris* / 48

噪鹃 *Eudynamys scolopaceus* / 50

鹰鹃 *Hierococcyx sparverioides* / 52

褐翅鸦鹃 *Centropus sinensis* / 54

鸮形目

领角鸮 *Otus lettia* / 56

斑头鸺鹠 *Glaucidium cuculoides* / 58

北鹰鸮 *Ninox japonica* / 60

雨燕目

小白腰雨燕 *Apus nipalensis* / 62

佛法僧目

普通翠鸟 *Alcedo atthis* / 64

白胸翡翠 *Halcyon smyrnensis* / 66
蓝喉蜂虎 *Merops viridis* / 68
三宝鸟 *Eurystomus orientalis* / 70

犀鸟目
戴胜 *Upupa epops* / 72

啄木鸟目
大拟啄木鸟 *Psilopogon virens* / 74
蓝喉拟啄木鸟 *Psilopogon asiaticus* / 76
蚁䴕 *Jynx torquilla* / 78
斑姬啄木鸟 *Picumnus innominatus* / 80

隼形目
游隼 *Falco peregrinus* / 82
红隼 *Falco tinnunculus* / 84

雀形目
仙八色鸫 *Pitta nympha* / 86
黑枕黄鹂 *Oriolus chinensis* / 88
白腹凤鹛 *Erpornis zantholeuca* / 90

暗灰鹃鵙 *Coracina melaschistos* / 92
小灰山椒鸟 *Pericrocotus cantonensis* / 94
灰山椒鸟 *Pericrocotus divaricatus* / 96
赤红山椒鸟 *Pericrocotus flammeus* / 98
灰喉山椒鸟 *Pericrocotus solaris* / 100
黑卷尾 *Dicrurus macrocercus* / 102
发冠卷尾 *Dicrurus hottentottus* / 104
灰卷尾 *Dicrurus leucophaeus* / 106
家燕 *Hirundo rustica* / 108
白头鹎 *Pycnonotus sinensis* / 110
红耳鹎 *Pycnonotus jocosus* / 112
白喉红臀鹎 *Pycnonotus aurigaster* / 114
栗背短脚鹎 *Hemixos castanonotus* / 116
黑鹎 *Hypsipetes leucocephalus* / 118
橙腹叶鹎 *Chloropsis hardwickii* / 120
红尾伯劳 *Lanius cristatus* / 122
虎纹伯劳 *Lanius tigrinus* / 124
棕背伯劳 *Lanius schach* / 126
八哥 *Acridotheres cristatellus* / 128
丝光椋鸟 *Spodiopsar sericeus* / 130
黑领椋鸟 *Gracupica nigricollis* / 132
红嘴蓝鹊 *Urocissa erythrorhyncha* / 134
橙头地鸫 *Zoothera citrine* / 136
白眉地鸫 *Zoothera sibirica* / 138
怀氏虎鸫 *Zoothera aurea* / 140
白腹鸫 *Turdus pallidus* / 142
白眉鸫 *Turdus obscurus* / 144
赤颈鸫 *Turdus ruficollis* / 146
斑鸫 *Turdus eunomus* / 148
灰背鸫 *Turdus hortulorum* / 150

乌灰鸫 *Turdus cardis* / 152

乌鸫 *Turdus mandarinus* / 154

黑胸鸫 *Turdus dissimilis* / 156

白喉矶鸫 *Monticola gularis* / 158

白尾蓝地鸲 *Cinclidium leucura* / 160

北红尾鸲 *Phoenicurus auroreus* / 162

红尾水鸲 *Rhyacornis fuliginosus* / 164

日本歌鸲 *Larvivora akahige* / 166

蓝歌鸲 *Larvivora cyane* / 168

红尾歌鸲 *Larvivora sibilans* / 170

红喉歌鸲 *Calliope calliope* / 172

红胁蓝尾鸲 *Tarsiger cyanurus* / 174

紫啸鸫 *Myophonus caeruleus* / 176

鹊鸲 *Copsychus saularis* / 178

白腰鹊鸲 *Copsychus malabaricus* / 180

东亚石䳭 *Saxicola stejnegeri* / 182

白喉林鹟 *Rhinomyias brunneatus* / 184

棕尾褐鹟 *Muscicapa ferruginea* / 186

褐胸鹟 *Muscicapa muttui* / 188

北灰鹟 *Muscicapa dauurica* / 190

灰纹鹟 *Muscicapa griseisticta* / 192

乌鹟 *Muscicapa sibirica* / 194

鸲姬鹟 *Ficedula mugimaki* / 196

白眉姬鹟 *Ficedula zanthopygia* / 198

红喉姬鹟 *Ficedula parva* / 200

黄眉姬鹟 *Ficedula narcissina* / 202

琉球姬鹟 *Ficedula owstoni* / 204

绿背姬鹟 *Ficedula elisae* / 206

棕胸蓝姬鹟 *Ficedula hyperythra* / 208

白腹蓝鹟 *Cyanoptila cyanomelana* / 210

海南蓝仙鹟 *Cyornis hainanus* / 212

山蓝仙鹟 *Cyornis whitei* / 214

棕腹大仙鹟 *Niltava davidi* / 216

小仙鹟 *Niltava macgrigoriae* / 218

铜蓝鹟 *Eumyias thalassina* / 220

方尾鹟 *Culicicapa ceylonensis* / 222

黑枕王鹟 *Hypothymis azurea* / 224

寿带 *Terpsiphone paradisi* / 226

紫寿带 *Terpsiphone atrocaudata* / 228

纯色鹪莺 *Prinia inornata* / 230

黄腹山鹪莺 *Prinia flaviventris* / 232

长尾缝叶莺 *Orthotomus sutorius* / 234

金头缝叶莺 *Phyllergates cuculatus* / 236

鳞头树莺 *Urosphena squameiceps* / 238

强脚树莺 *Horornis fortipes* / 240

远东树莺 *Horornis canturians* / 242

棕脸鹟莺 *Seicercus albogularis* / 244

华南冠纹柳莺 *Phylloscopus goodsoni* / 246

褐柳莺 *Phylloscopus fuscatus* / 248

棕眉柳莺 *Phylloscopus armandii* / 250

巨嘴柳莺 *Phylloscopus schwarzi* / 252

黄眉柳莺 *Phylloscopus inornatus* / 254

黄腰柳莺 *Phylloscopus proregulus* / 256

淡脚柳莺 *Phylloscopus tenellipes* / 258

极北柳莺 *Phylloscopus borealis* / 260

冕柳莺 *phylloscopus coronatus* / 262

白眶鹟莺 *Seicercus affinis* / 264

灰冠鹟莺 *Seicercus tephrocephalus* / 266

比氏鹟莺 *Phylloscopus valentini* / 268

栗头鹟莺 *Seicercus castaniceps* / 270

淡尾鹟莺 *Phylloscopus soror* / 272

黑喉噪鹛 *Garrulax chinensis* / 274

黑脸噪鹛 *Garrulax perspicillatus* / 276

画眉 *Garrulax canorus* / 278

红嘴相思鸟 *Leiothrix lutea* / 280

银耳相思鸟 *Leiothrix argentauris* / 282

淡眉雀鹛 *Alcippe hueti* / 284

红头穗鹛 *Stachyris ruficeps* / 286

棕颈钩嘴鹛 *Pomatorhinus ruficollis* / 288

栗颈凤鹛 *Staphida torqueola* / 290

暗绿绣眼鸟 *Zosterops japonicus* / 292

红胁绣眼鸟 *Zosterops erythropleurus* / 294

绒额䴓 *Sitta frontalis* / 296

红头长尾山雀 *Aegithalos concinnus* / 298

黄腹山雀 *Parus venustulus* / 300

黄颊山雀 *Machlolophus spilonotus* / 302

远东山雀 *Parus minor* / 304

红胸啄花鸟 *Dicaeum ignipectus* / 306

朱背啄花鸟 *Dicaeum cruentatum* / 308

叉尾太阳鸟 *Aethopyga latouchii* / 310

白鹡鸰 *Motacilla alba* / 312

灰鹡鸰 *Motacilla cinerea* / 314

山鹡鸰 *Dendronanthus indicus* / 316

树鹨 *Anthus hodgsoni* / 318

麻雀 *Passer montanus* / 320

白腰文鸟 *Lonchura striata* / 322

斑文鸟 *Lonchura punctulata* / 324

黑尾蜡嘴雀 *Eophona migratoria* / 326

金翅雀 *Chloris sinica* / 328

白眉鹀 *Emberiza tristrami* / 330

栗鹀 *Emberiza rutila* / 332

小鹀 *Emberiza pusilla* / 334

鹈形目

黑冠鳽 *Gorsachius melanolophus* / 336

小䴙䴘

Tachybaptus ruficollis

䴙䴘目 Podicipedifomes
䴙䴘科 Podicipedidae

- 全长约 27 cm。喙短粗圆锥状，略侧扁。身体短圆，尾短小，呈绒毛状，几无尾羽。后肢在身体后方，瓣蹼足，因此擅长游泳和潜水，行走笨拙。成鸟繁殖期颈侧红褐色，背部黑色，尾部白色，嘴黑色，嘴尖白色，嘴基米黄色。冬羽颈侧为浅黄色，背部黑褐色，嘴土黄色，虹膜黄色，脚蓝灰色。为华南地区常见游禽，多见于池塘、水库等水体。

- 在广州地区为留鸟，海珠湿地较常见。最近几年，有游荡个体出现于康乐园（指中山大学南校区校园）的园西湖，但每年都只停留 1 天。

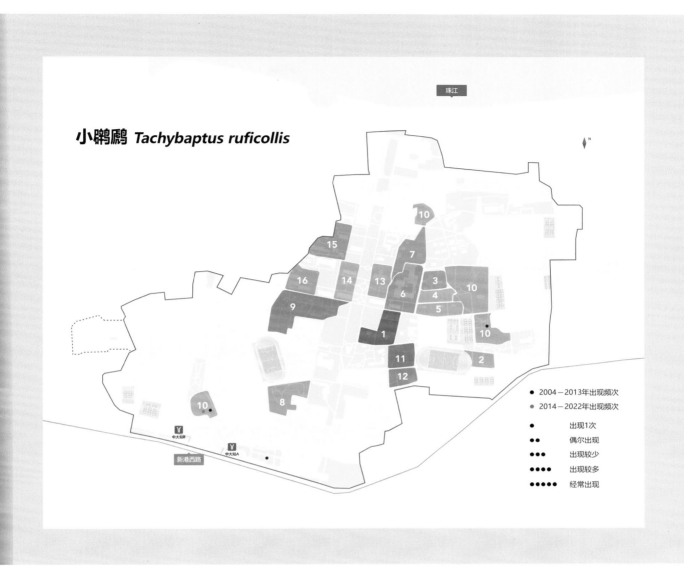

小鸊鷉 *Tachybaptus ruficollis*

珠江

● 2004－2013年出现频次
● 2014－2022年出现频次

● 出现1次
●● 偶尔出现
●●● 出现较少
●●●● 出现较多
●●●●● 经常出现

小白鹭

Egretta garzetta

鹳形目 Ciconiiformes
鹭　科 Ardeidae

● 小白鹭在几种白色鹭鸟中体形较小，全长约
60 cm。全身白色，嘴黑色，腿脚黑色，趾黄色，
爪黑色。繁殖期眼先裸出部分粉红色，脑后
有 2 根白色辫状饰羽，肩部和胸部有蓑羽。
常见于稻田、池塘、水库和海滨湿地。

● 在广州地区为留鸟。珠江水道、海珠湿地等
地有较大栖息群。偶尔飞过康乐园。

小白鹭 *Egretta garzetta*

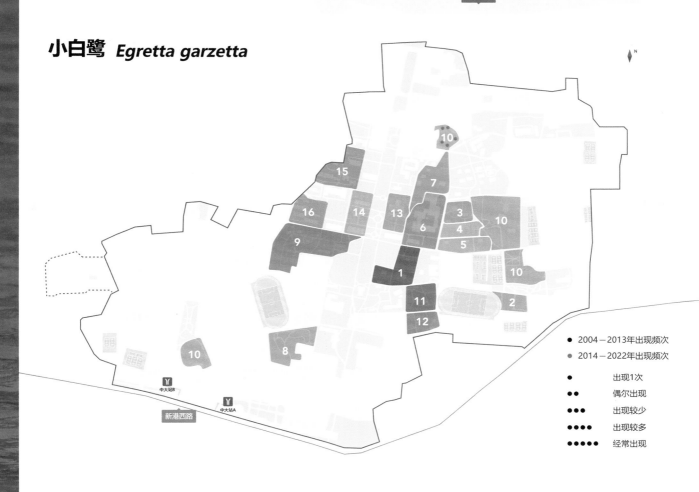

珠江

新港西路

中大站B

中大站A

- 2004—2013年出现频次
- 2014—2022年出现频次

●	出现1次
●●	偶尔出现
●●●	出现较少
●●●●	出现较多
●●●●●	经常出现

佳木嘤鸣 康乐园鸟类鉴赏

池鹭

Ardeola bacchus

鹳形目 Ciconiiformes
鹭 科 Ardeidae

● 体形显著小于小白鹭,全长约 47 cm。繁殖期头及颈深栗色,胸深绛紫色,蓝黑色蓑羽从肩背向后延伸可达尾羽末端,两翅和尾羽白色;非繁殖期大体灰褐色,具褐色纵纹。飞行时白色两翅和尾与深褐色背部形成反差,易于识别。常见于稻田、池塘、水库和海滨湿地。

● 在广州地区为留鸟。珠江水道、海珠湿地等地较常见。常飞过康乐园,偶尔在湖边树上栖息。

池鹭 *Ardeola bacchus*

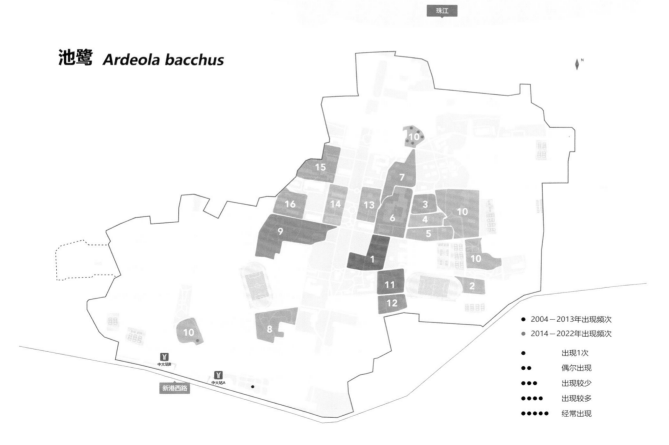

珠江

新港西路

N

- ● 2004—2013年出现频次
- ● 2014—2022年出现频次

- ● 出现1次
- ●● 偶尔出现
- ●●● 出现较少
- ●●●● 出现较多
- ●●●●● 经常出现

牛背鹭

Bubulcus coromandus

鹳形目 Ciconiiformes
鹭　科 Ardeidae

● 体形显著小于小白鹭，全长约 50 cm。繁殖期大体白色，头、颈、胸披着橙黄色的饰羽，背上着红棕色蓑羽；非繁殖期体羽纯白，仅额部沾橙黄色。嘴橙黄色，嘴、颈均较小白鹭短，脚暗黄色至近黑色。多栖息于稻田、水塘、农田及河岸等处，常成对或结小群，于草灌中觅食昆虫，尤喜跟随牛群活动，甚至落于牛背上捕食昆虫。

● 在广州地区为留鸟。曾在中山大学生命科学学院实验鱼塘有 1 次单只栖息觅食记录，最近几年偶有小群飞过康乐园，但无停栖记录。

牛背鹭 *Bubulcus coromandus*

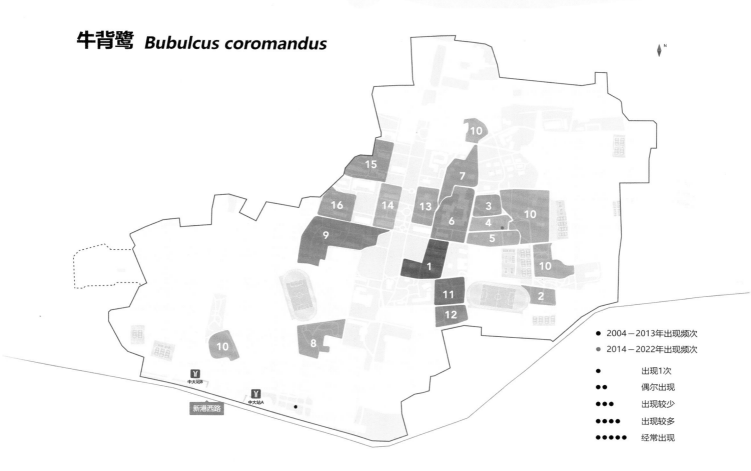

珠江

2004－2013年出现频次
2014－2022年出现频次

出现1次
偶尔出现
出现较少
出现较多
经常出现

紫背苇鳽

Ixobrychus eurhythmus

鹳形目 Ciconiiformes
鹭 科 Ardeidae

● 体形细长，全长约33 cm。雄鸟头顶暗栗色，背紫栗色，下体为较淡的土黄色，从喉部至胸部有1条褐色纵线纹；飞羽黑色，翅上覆羽灰黄色。雌鸟头顶至背紫栗色，背部有细小白色斑点，下体有褐色纵纹。嘴绿黄色，脚绿色，胫下部裸出较多。

● 在广州地区为夏候鸟。迁徙季节偶尔过境康乐园，记录于松园湖等地。

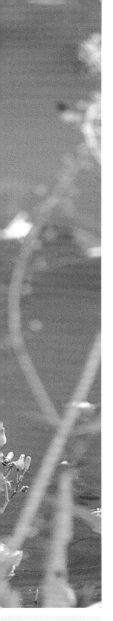

紫背苇鳽 *Ixobrychus eurhythmus*

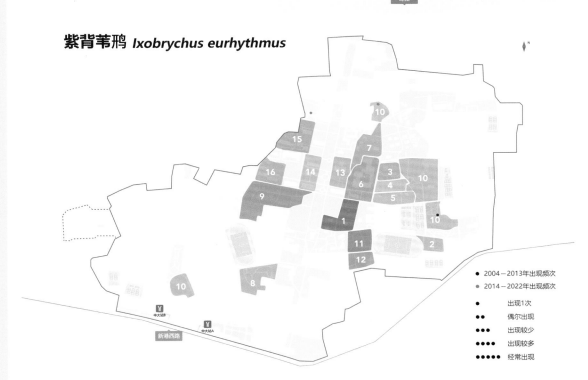

珠江

- ● 2004—2013年出现频次
- ● 2014—2022年出现频次

- ● 出现1次
- ●● 偶尔出现
- ●●● 出现较少
- ●●●● 出现较多
- ●●●●● 经常出现

白胸苦恶鸟
Amaurornis phoenicurus

鹤形目 Gruiformes
秧鸡科 Rallidae

● 全长约33 cm。成鸟头顶及上体灰黑色，前额、两颊至上腹部白色，两胁黑色，臀部栗色。虹膜红色；嘴黄绿色，上嘴基橙红色；脚黄褐色。栖息于沼泽、河岸、湖泊、农田等潮湿生境。常单个活动。多步行、奔跑和涉水，行走时头颈前后伸缩，尾上下摆动。短距离飞行时头颈伸直，两腿悬垂。

● 在广州地区为留鸟。2019年前在康乐园有繁殖小群，见于园东湖、生命科学学院实验鱼塘、竹园、八角亭和松园湖等地。

白胸苦恶鸟 *Amaurornis phoenicuru*

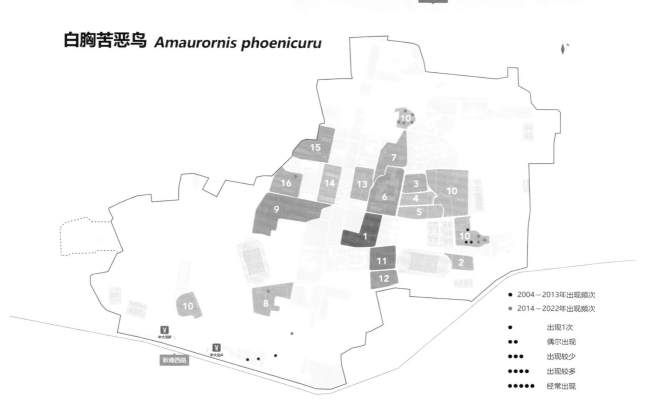

- 2004—2013年出现频次
- 2014—2022年出现频次

●	出现1次
●●	偶尔出现
●●●	出现较少
●●●●	出现较多
●●●●●	经常出现

黑水鸡

Gallinula chloropus

鹤形目 Gruiformes
秧鸡科 Rallidae

● 全长约 31 cm。雄鸟通体青黑色，两胁有白斑，外侧尾下覆羽白色。亚成鸟上体黑褐色，脸、喉及下体灰白色，胸部或多或少染棕色。嘴红色，具黄嘴端，成鸟红色嘴甲延至前额，亚成鸟嘴暗黄绿色；脚黄绿色，胫跗关节上方具红色环带。栖息于挺水植物茂盛的湖泊、池塘、水田等处。

● 在广州地区为留鸟。康乐园中偶见于园东湖。

黑水鸡 *Gallinula chloropus*

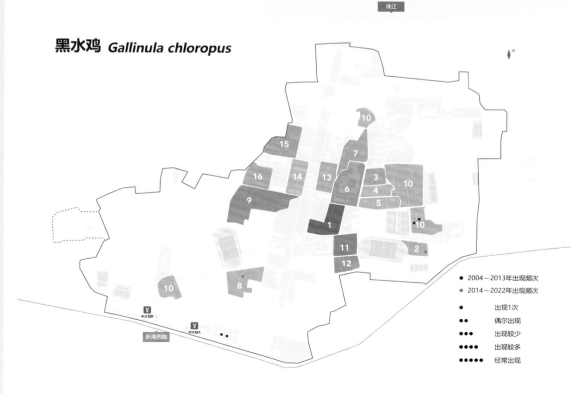

珠江

- 2004—2013年出现频次
- 2014—2022年出现频次

- 出现1次
- 偶尔出现
- 出现较少
- 出现较多
- 经常出现

白喉斑秧鸡

Rallina eurizonoides

鹤形目 Gruiformes
秧鸡科 Rallidae

- 全长约 25 cm。除颏、喉白色外，成年雄鸟头部和颈项至上胸羽毛红棕色，背及胸侧棕橄榄色，下胸至尾下覆羽有黑白相间排列的横纹；雌鸟相应部位棕黑色。嘴绿色，尖端暗灰色；脚暗灰绿色或黑色。喜栖息于有茂密灌丛的近水生境。

- 在广州地区为夏候鸟。2007—2010 年，每年 4 月准时过境康乐园，在模范村区域做短暂停留；在东区有茂密植被的小树林和小平台处有零星记录。

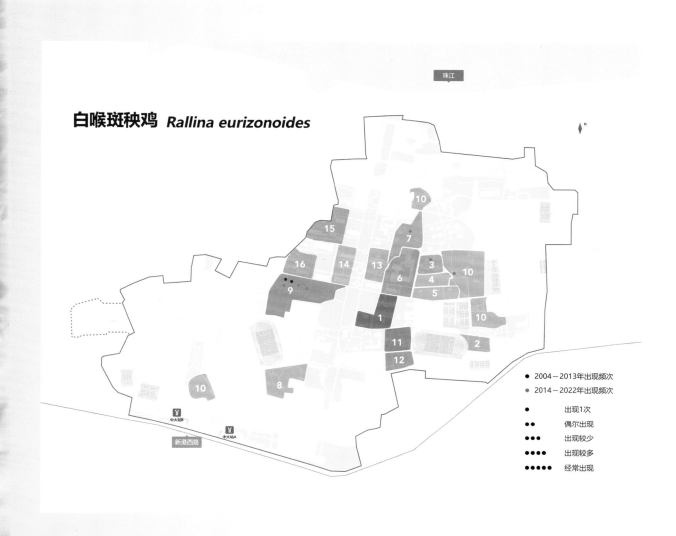

白喉斑秧鸡 *Rallina eurizonoides*

黑冠鹃隼

Aviceda leuphotes

鹰形目 Accipitriformes
鹰　科 Accipitridae

● 国家二级重点保护野生动物，CITES（《濒危野生动植物种国际贸易公约》）附录Ⅱ物种。头部、体背到尾部黑色，并有蓝色的金属光泽，两翼和肩部有白斑，胸部有半月形白斑，腹部有红棕色横斑。飞行时两翼宽阔略成圆形，头顶长有竖立的蓝黑色冠羽。以昆虫为食，也捕食蝙蝠、鼠类等小型脊椎动物。

● 在广州地区为过境鸟。迁徙季节偶见于康乐园。

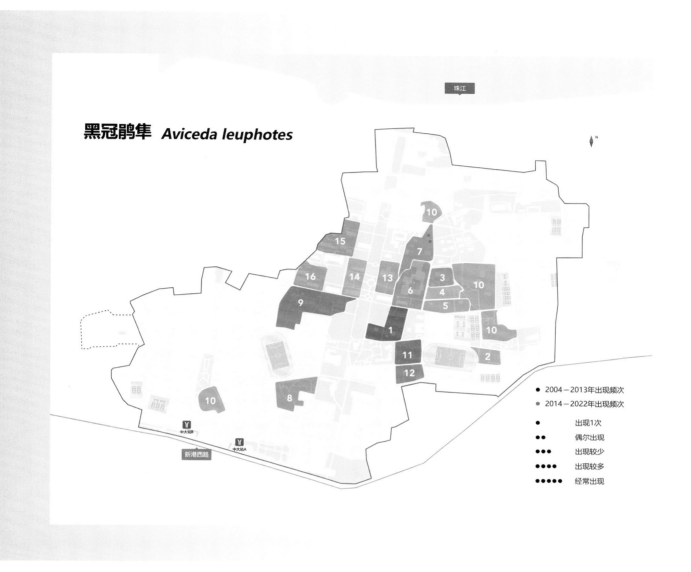

黑冠鹃隼 *Aviceda leuphotes*

珠江

N

2004－2013年出现频次
2014－2022年出现频次

● 出现1次
●● 偶尔出现
●●● 出现较少
●●●● 出现较多
●●●●● 经常出现

新港西路

中大站B
中大站A

凤头鹰
Accipiter trivirgatus

鹰形目 Accipitriformes
鹰　科 Accipitridae

● 国家二级重点保护野生动物，CITES 附录Ⅱ物种。头青灰色，有显著的青灰色冠羽；喉白色，中央有1条黑色纵纹，与两侧的黑色髭纹一起形成3条纵纹；上体褐色，胸有棕褐色纵纹，腹部有棕褐色横纹；尾下有4道宽阔的深色横斑。飞行时两翼短圆，飞羽有数条宽阔的黑色横带。见于森林、田野和城市公园。

● 在广州地区为留鸟，也有部分个体为冬候鸟。在康乐园有少量记录。

凤头鹰 *Accipiter trivirgatus*

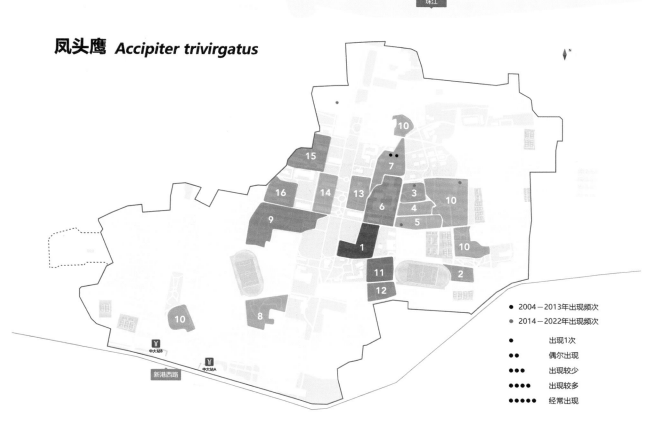

珠江

- ● 2004—2013年出现频次
- ● 2014—2022年出现频次

●	出现1次
●●	偶尔出现
●●●	出现较少
●●●●	出现较多
●●●●●	经常出现

赤腹鹰

Accipiter soloensis

鹰形目 Accipitriformes
鹰　科 Accipitridae

● 国家二级重点保护野生动物，CITES 附录 Ⅱ 物种。成鸟上体淡蓝灰色，翅尖颜色略深，胸腹部粉棕色，两胁有浅灰色横纹。亚成鸟上体褐色，喉部有深色纵纹，胸腹部有褐色横斑，尾巴有深色横斑。

● 在广州地区为过境鸟。春秋迁徙季偶见于康乐园。

赤腹鹰 *Accipiter soloensis*

珠江

新港西路

中大站B

中大站A

● 2004—2013年出现频次
● 2014—2022年出现频次

● 出现1次
●● 偶尔出现
●●● 出现较少
●●●● 出现较多
●●●●● 经常出现

白腹鹞

Circus spilonotus

鹰形目 Accipitriformes
鹰　科 Accipitridae

- 国家二级重点保护野生动物。全长约 50 cm。体色变化较大，分为大陆型和日本型，大陆型又分为灰头型和黑头型。雄鸟上体灰褐色或黑褐色，腰略白或不显，头胸部具黑色或灰褐色浓重纵纹，腹白；翼尖黑色，翼下覆羽白色。雌鸟腹部棕褐色或具棕褐色纵纹，头、背部褐色较重，腰略浅色或不显，翼下飞羽棕褐色，从下边看初级飞羽基部及次级飞羽灰色，翼尖褐灰色。一般栖息于草甸和较大面积湿地。

- 在广州地区为冬候鸟。在康乐园只有 1 次记录，为从天空飞过的日本型幼鸟，推测为迁徙时路过，也可能是从海珠湿地盘旋进入康乐园。

白腹鹞 *Circus spilonotus*

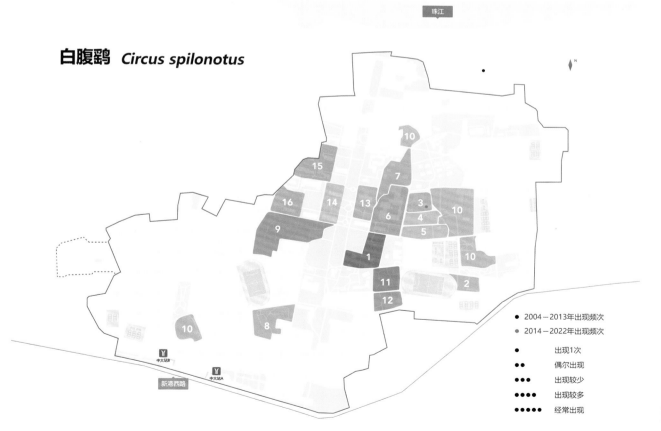

普通鵟

Buteo japonicus

鹰形目 Accipitriformes
鹰　科 Accipitridae

● 国家二级重点保护野生动物，CITES 附录 II 物种。上体为暗褐色，下体暗褐色或淡褐色，有深棕色横斑或纵纹。飞翔时两翼宽阔，初级飞羽基部有明显的白斑，翼下白色，仅翼尖、翼角和飞羽外缘黑色。尾散开时呈扇形。捕食鸟类、鼠类和其他小型哺乳动物。

● 在广州地区为冬候鸟。秋冬季偶见盘旋于康乐园高空。

普通鵟 *Buteo japonicus*

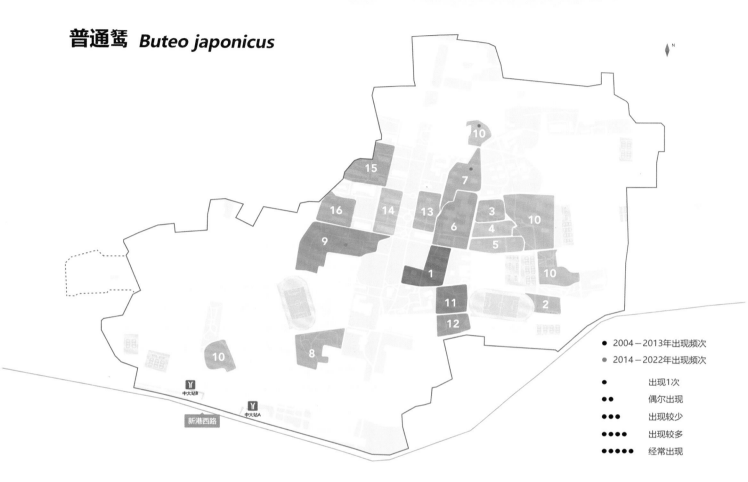

珠江

N

中大站B
中大站A
新港西路

● 2004—2013年出现频次
● 2014—2022年出现频次

●   出现1次
●●   偶尔出现
●●●   出现较少
●●●●   出现较多
●●●●● 经常出现

丘鹬
Scolopax rusticola

鸻形目 Charadriiformes
鹬　科 Scolopacidae

● 全长约 35 cm。头顶有黑色横斑纹，上体棕褐色并杂有黑细条纹、金黄斑点和黑色粗纵纹，下体灰白色，略带棕色，密布黑褐色横斑。该鸟为过境鸟，性隐蔽，不易见到。

● 在广州地区为冬候鸟。迁徙时过境康乐园。在康乐园有几次记录，其中 1 只记录于竹园，为过境迁徙的受伤个体；还有 1 只记录于北门的白千层树上，被风筝线缠绕致伤。

丘鹬 *Scolopax rusticola*

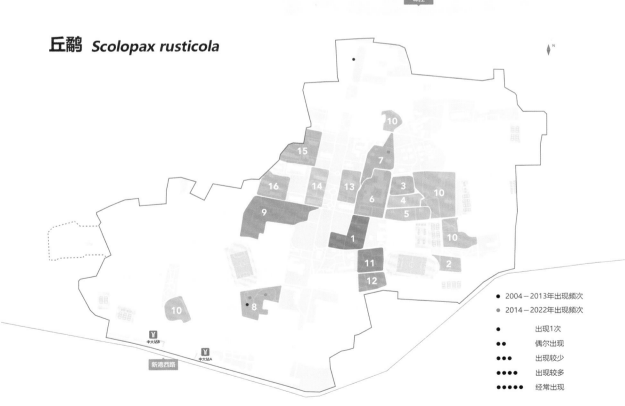

● 2004—2013年出现频次
● 2014—2022年出现频次

● 　　　出现1次
●● 　　偶尔出现
●●● 　出现较少
●●●● 出现较多
●●●●● 经常出现

白腰草鹬

Tringa ochropus

鸻形目 Charadriiformes
鹬　科 Scolopacidae

● 全长约 23 cm。头深灰色，眼圈白色，仅眼前有白色眉纹，并与眼圈相连。上背灰褐色有白色斑点，腰和尾白色，尾有黑色横斑。下体白色，颈和胸部有黑褐色纵纹。嘴基橄榄色而端部黑色，脚橄榄绿色。栖息于各类海岸和内陆湿地。多单只或结小群活动。行动时尾巴上下摆动，受到惊扰时频频点头，身体也会摆动。主要以各种昆虫和小型水生无脊椎动物为食。

● 在广州地区为过境鸟或冬候鸟。曾见于康乐园生命科学学院实验鱼塘。

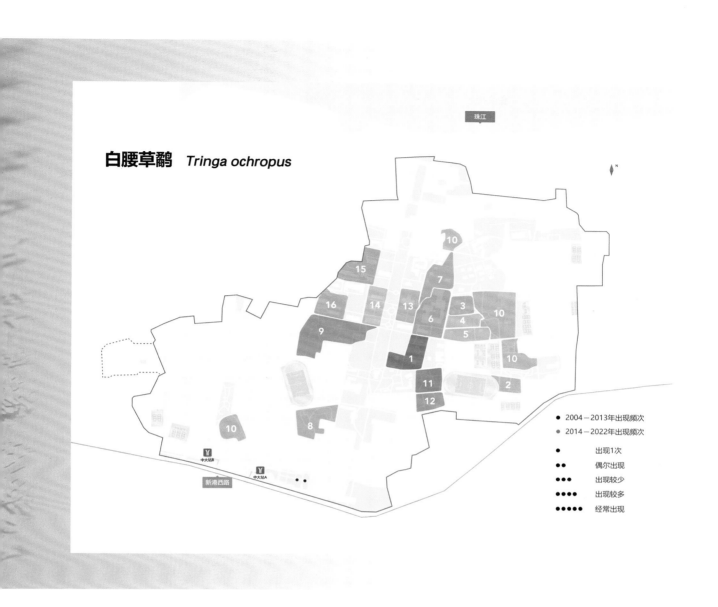

白腰草鹬 *Tringa ochropus*

三趾鸥

Rissa tridactyla

鸥形目 Lariformes
鸥　科 Laridae

- 全长约 41 cm。繁殖期头、上背、下体均为白色，背及翅灰，翅尖黑色，尾白，嘴黄而脚黑。非繁殖期头及颈背带灰黑色斑块。繁殖于北极的北美洲及亚洲沿海，为海洋性鸟类，较少进入内陆珠江水系。

- 在广州地区为迷鸟。在康乐园有 1 次记录，见于北门外的珠江边，应为第一年冬季亚成鸟。

三趾鸥 *Rissa tridactyla*

珠江

N

10

15

7

16   14   13   3   10   1

9   6   4   10

5

1   10

11   2

12

10   8

中大站B

新港西路   中大站A

● 2004—2013年出现频次
● 2014—2022年出现频次

●   出现1次
● ●   偶尔出现
● ● ●   出现较少
● ● ● ●   出现较多
● ● ● ● ●   经常出现

鸥形目

33

绿翅金鸠
Chalcophaps indica

鸽形目 Columbiformes
鸠鸽科 Columbidae

● 全长约 25 cm。雄鸟头顶灰色，额白色，腰灰色，两翼亮绿色，其余体色紫红色。雌鸟头顶无灰色。飞行时可见背部 2 道黑色和白色的横纹。多栖息于山区植被茂密生境，于林下单独或成对活动觅食，偶尔也会进入城市植被茂密的公园林地。

● 在广州地区为留鸟。常有栖息地间迁飞个体进入康乐园，近年康乐园有多次记录。

绿翅金鸠 *Chalcophaps indica*

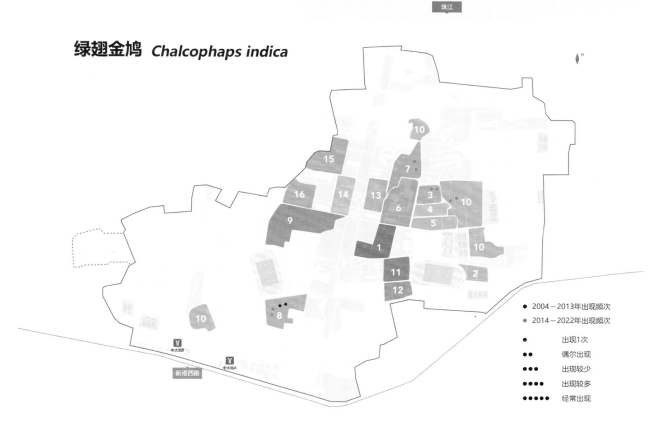

珠江

N

10
15
7
16 14 13 3
6 10
9 4
5
1 10
11 2
12

10
8

● 2004—2013年出现频次
● 2014—2022年出现频次

● 　　　　出现1次
●● 　　　　偶尔出现
●●● 　　　出现较少
●●●● 　　出现较多
●●●●● 　经常出现

中大站B
中大站A
新港西路

珠颈斑鸠

Spilopelia chinensis

鸽形目 Columbiformes
鸠鸽科 Columbidae

● 全长约 30 cm。颈侧具缀满白点的黑色块斑。上体灰褐色，较山斑鸠单调，下体粉红色。尾略显长，外侧尾羽末端白色明显；脚粉红色。栖息于有疏树的草地、丘陵、郊野农田，城市公园绿地，多在树上停歇或在地面觅食。

● 在广州地区为留鸟。康乐园常住鸟类，见于各种生境。

佳木嘤鸣 康乐园鸟类鉴赏

山斑鸠

Streptopelia orientalis

鸽形目 Columbiformes
鸠鸽科 Columbidae

● 全长约 32 cm。颈侧有具黑白色条纹的块状斑。上体的深色鳞片状体羽羽缘棕色，腰蓝灰色，尾羽近黑，尾梢浅灰色。下体多偏粉色。虹膜橙黄色，嘴铅灰色，脚粉红色。栖息于山地、丘陵和平原林地，也经常出现在城市公园绿地系统。

● 在广州地区为留鸟。为康乐园留鸟，全年可见，曾见于各种生境，近年数量锐减，已十分罕见。

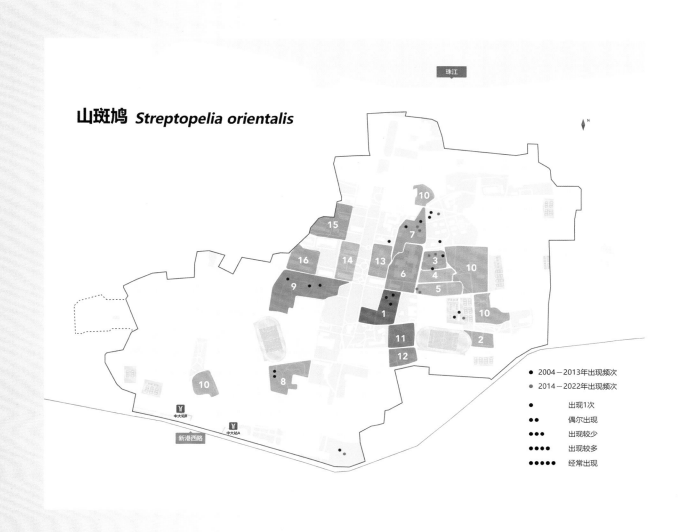

山斑鸠 *Streptopelia orientalis*

珠江

2004－2013年出现频次
2014－2022年出现频次

出现1次
偶尔出现
出现较少
出现较多
经常出现

红翅凤头鹃

Clamator coromandus

鹃形目 Cuculiformes
杜鹃科 Cuculidae

● 全长约 45 cm。尾显著延长，具醒目的直立黑色羽冠，体背到尾黑色且带蓝色光泽，两翼栗色，喉及胸浅黄色，颈圈白色，腹部近白色。春秋季见于公园、林地，以各种昆虫和幼虫为食。

● 在广州地区为夏候鸟。每年 4 月迁徙季节在康乐园短暂停留，记录于图书馆北侧树林和改造前的模范村。

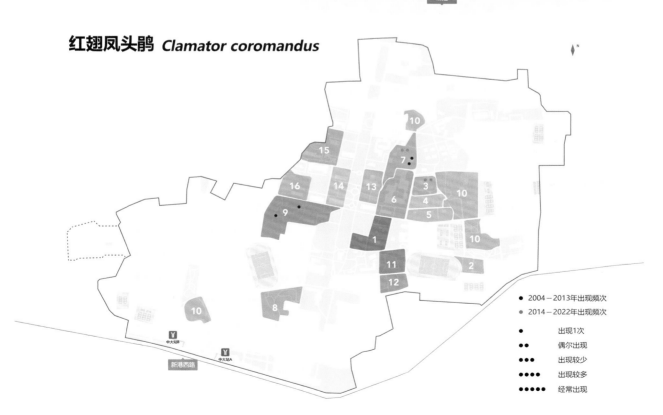

珠江

红翅凤头鹃 *Clamator coromandus*

- ● 2004－2013年出现频次
- ● 2014－2022年出现频次

- ● 出现1次
- ●● 偶尔出现
- ●●● 出现较少
- ●●●● 出现较多
- ●●●●● 经常出现

八声杜鹃

Cacomantis merulinus

鹃形目 Cuculiformes
杜鹃科 Cuculidae

● 相对于康乐园所见其他杜鹃，八声杜鹃的体形较小，全长约 21 cm。成年雄鸟头灰色，背部至尾部褐色，胸腹棕褐色，无斑纹，尾下黑色部分有多道白色横斑。雌鸟有 2 种色型，赤色型头及上体赤褐色，具棕色点斑和深褐色横斑，喉及胸侧红棕色，腹偏白，横斑较细；灰色型雌鸟似雄鸟。眼圈不显；上嘴黑色，下嘴黄色；脚黄色。常见于公园绿地。

● 在广州地区为夏候鸟。迁徙季节过境康乐园，主要见于春末夏初时西北区、中区和东区的高大乔木上。

八声杜鹃 *Cacomantis merulinus*

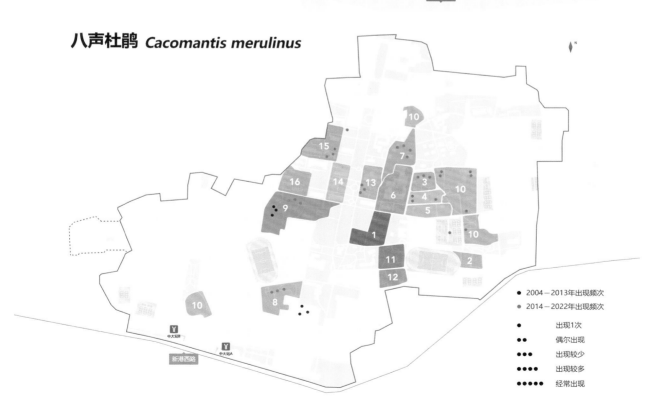

- 2004－2013年出现频次
- 2014－2022年出现频次

•	出现1次
••	偶尔出现
•••	出现较少
••••	出现较多
•••••	经常出现

四声杜鹃

Cuculus micropterus

鹃形目 Cuculiformes
杜鹃科 Cuculidae

● 全长约 30 cm。雄鸟头青灰色,上体深灰色,胸腹部白色并有较细的黑色横纹;尾灰色,具黑色次端斑。雌鸟体色为褐色。雌雄均有黄色眼圈;上嘴黑色,下嘴偏绿;脚黄色。常于枝叶茂密乔木冠层鸣叫,声独特而悠远,却不容易看见。

● 在广州地区为夏候鸟。迁徙季节过境康乐园,春末夏初偶见。

44

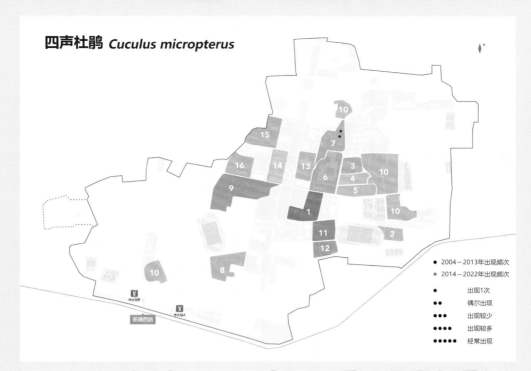

四声杜鹃 *Cuculus micropterus*

中杜鹃

Cuculus saturatus

鹃形目 Cuculiformes
杜鹃科 Cuculidae

- 全长约 26 cm。头颈青灰色，上体深灰色，胸腹部白色并有较粗的黑色横纹。雌雄均有黄色眼圈，嘴暗绿色，基部黄色，脚橘黄色。

- 在广州地区为夏候鸟。春秋季节迁徙时偶见于康乐园。

中杜鹃 *Cuculus saturatus*

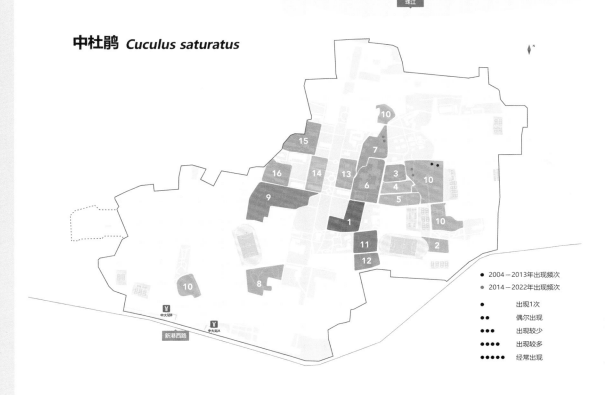

住
木
嘤
鸣
康乐园鸟类鉴赏

乌鹃

Surniculus lugubris

鹃形目 Cuculiformes
杜鹃科 Cuculidae

● 体形较小，全长约 23 cm，如发冠卷尾，外形亦与之相似。全身体羽亮黑色，尾部开叉不如黑卷尾深，尾下覆羽和外侧尾羽具白色横斑而区别于卷尾。栖息于林地、林缘地和低地山林，性羞怯。

● 广州地区为夏候鸟。迁徙季节过境康乐园，见于西北区、中区和竹园。

乌鹃 *Surniculus lugubris*

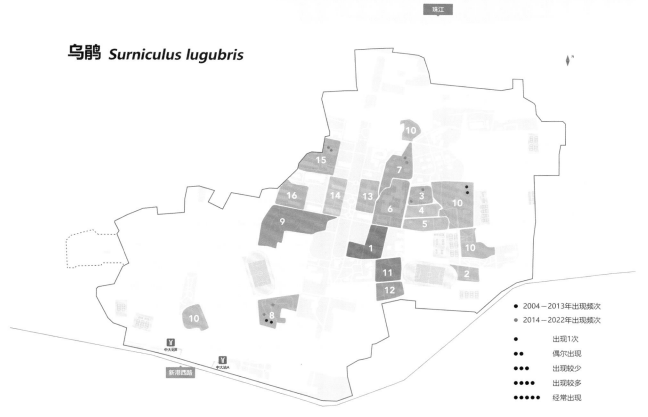

珠江

10

15

7

16 14 13 3 10

9 6 4

5

1 10

11 2

12

10

8

● 2004－2013年出现频次
● 2014－2022年出现频次

● 　　　出现1次
●● 　　偶尔出现
●●● 　出现较少
●●●● 出现较多
●●●●● 经常出现

中大站B

中大站A

新港西路

噪鹃

Eudynamys scolopaceus

鹃形目 Cuculiformes
杜鹃科 Cuculidae

● 全长约 42 cm。雄鸟全身黑色，雌鸟全身灰褐色杂
有白点。虹膜红色，嘴浅绿色，脚蓝灰色。叫声响
亮而哀怨。性隐蔽，见于森林、公园和城市绿地。

● 在广州地区为夏候鸟。迁徙季节过境康乐园，见于
西北区、东北区、中区和竹园，常隐于枝叶茂密的
高大乔木上鸣叫。

噪鹃 *Eudynamys scolopaceus*

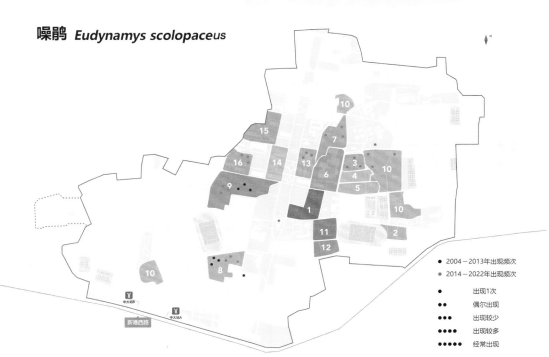

珠江

- ● 2004－2013年出现频次
- ● 2014－2022年出现频次

●	出现1次
●●	偶尔出现
●●●	出现较少
●●●●	出现较多
●●●●●	经常出现

鹰鹃

Hierococcyx sparverioides

鹃形目 Cuculiformes
杜鹃科 Cuculidae

● 全长约 40 cm。头背灰褐色，额黑色；胸棕色，下体白色，染棕色；喉、胸部具黑灰色纵纹，腹部褐色横斑；尾部次端斑棕红，尾端白色。亚成鸟上体褐色带棕色横斑，下体皮黄而具近黑色纵纹。与鹰类的区别在其姿态及嘴形。

● 在广州地区为夏候鸟。迁徙季节过境康乐园。偶见于康乐园，常隐于枝叶茂密的高大乔木上鸣叫。

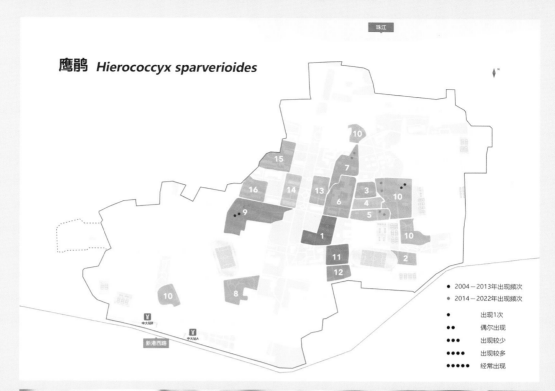

鹰鹃 *Hierococcyx sparverioides*

褐翅鸦鹃
Centropus sinensis

鹃形目 Cuculiformes
鸦鹃科 Centropdidae

● 国家二级重点保护野生动物。体形较大而粗壮，全长约 42 cm。全身以黑色为主，仅上背和两翼栗红色。虹膜红色，嘴黑色，脚黑色。常于地面觅食，隐于灌丛。

● 在广州地区为留鸟。康乐园中区和东北区马岗顶较常见。

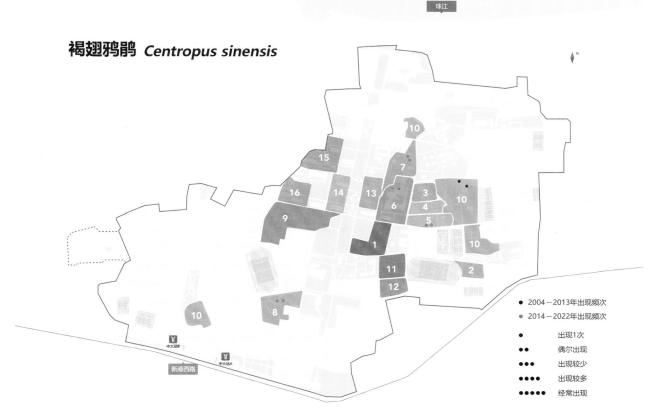

褐翅鸦鹃 *Centropus sinensis*

珠江

- ● 2004—2013年出现频次
- ● 2014—2022年出现频次

- ● 出现1次
- ●● 偶尔出现
- ●●● 出现较少
- ●●●● 出现较多
- ●●●●● 经常出现

新港西路

领角鸮

Otus lettia

鸮形目 Strigiformes
鸱鸮科 Strigidae

- 国家二级重点保护野生动物，CITES 附录 II 物种。全长约 24 cm。具镶有黑色边缘线的灰黄色面盘，有明显耳羽簇，后颈有特征性的浅沙色颈圈。上体偏灰色或沙褐色，具黑色及皮黄色蠹纹；下体浅褐色，具黑色纵纹；具粉红色细眼圈；嘴及脚污黄色。夜行性鸟类，白天大多隐蔽在具浓密枝叶的树冠上，或其他阴暗的地方；黄昏至黎明前较活跃。常鸣叫。主要以鼠类、小鸟、昆虫为食。常产卵于天然树洞、啄木鸟的旧洞或喜鹊的旧巢中。

- 在广州地区为留鸟。为康乐园常见留鸟，见于康乐园各区，于大树上繁殖，常有幼雏跌落地面。

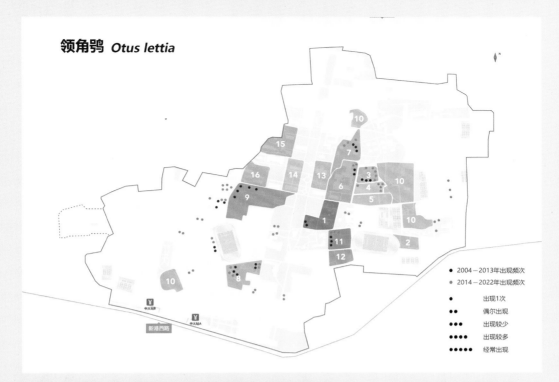

领角鸮 *Otus lettia*

● 2004—2013年出现频次
● 2014—2022年出现频次

●　　　　出现1次
●●　　　偶尔出现
●●●　　出现较少
●●●●　出现较多
●●●●●　经常出现

斑头鸺鹠

Glaucidium cuculoides

鸮形目 Strigiformes
鸱鸮科 Strigidae

● 国家二级重点保护野生动物，CITES 附录 II 物种。体形较小，全长约 25 cm。无耳羽簇，有明显白色颏纹；上体褐色而具浅黄色横斑，沿肩部有 1 道白色线；下体几全褐色，具深褐色横斑；臀部白色，两肋栗色；尾近黑色，具间距较宽的白色细横斑。虹膜橙黄色，嘴偏绿色，嘴端黄色；脚绿黄色。昼夜都有活动，夜间活动更频繁，以小鸟、昆虫、蛙、鼠等为食。营巢于洞穴中。

● 在广州地区为留鸟。常见于康乐园各区，在大树上繁殖。

斑头鸺鹠 *Glaucidium cuculoides*

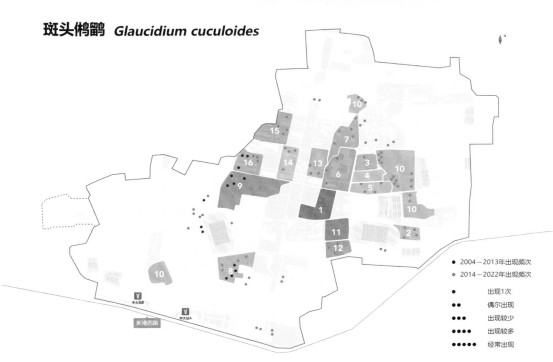

珠江

新港西路

中大码头

中大站A

- ● 2004－2013年出现频次
- ● 2014－2022年出现频次

- ● 出现1次
- ●● 偶尔出现
- ●●● 出现较少
- ●●●● 出现较多
- ●●●●● 经常出现

北鹰鸮

Ninox japonica

鸮形目 Strigiformes
鸱鸮科 Strigidae

● 国家二级重点保护野生动物，CITES 附录 II 物种。体形中等，全长约 28 cm。头冠、颈和面部深灰褐色，无明显面盘；两眼间喙基部有一白斑；上体深褐色，下体白色，具宽阔的深褐色纵纹；臀白色；尾具宽横纹；眼大，虹膜金黄色；脚黄色，爪黑色。

● 在广州地区为过境鸟。迁徙时偶见于康乐园。

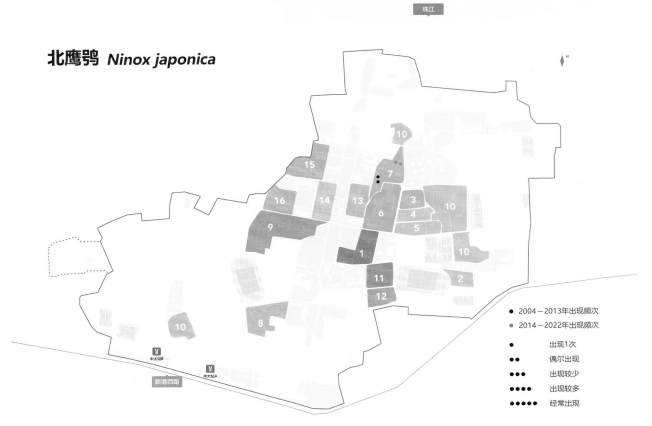

北鹰鸮 *Ninox japonica*

珠江

15
10
16 14 13 7
9 6 3 10
4
5
1
11 2
12
10
8
10

中大站B
新港西路
中大站A

● 2004－2013年出现频次
● 2014－2022年出现频次

● 出现1次
●● 偶尔出现
●●● 出现较少
●●●● 出现较多
●●●●● 经常出现

小白腰雨燕

Apus nipalensis

雨燕目 Apodiformes
雨燕科 Apodidae

● 全长约 15 cm。头、体背和尾黑褐色，微带蓝绿色光泽，腰白色；颏和喉部白色，下体灰褐色。与白腰雨燕相比，翅稍宽，尾羽分不明显，近乎平切。常结群于城市上空飞行，营巢于屋檐下、悬崖或洞穴中。

● 在广州地区为留鸟或夏候鸟。康乐园全年可见，但冬季发现数量显著减少。在康乐园居留历史较长，一直营巢于康乐园西北区陆佑堂和哲生堂屋檐下。早在 20 世纪 80 年代初期，陆佑堂就已经被中山大学设为小白腰雨燕保护点，并设立保护标牌。

小白腰雨燕 *Apus nipalensis*

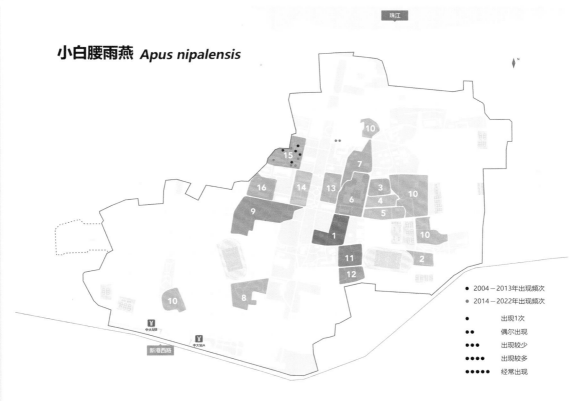

普通翠鸟

Alcedo atthis

佛法僧目 Coraciiformes
翠鸟科 Alcedinidae

● 全长约15 cm。成鸟头具亮蓝色
鳞纹,翼蓝绿色,有金属光泽;
有1条橘黄色条宽带横贯眼部
及耳羽;颈侧及颏白色;背、腰
及尾亮蓝色,翼上覆羽具亮蓝色
斑点;下体及翼下橘红色。幼鸟
色暗淡;喙长直,凿状,强壮。单
独或成对栖息于池塘、水库、湖
泊、小溪等临近水的岩石或探出
的树枝上。

● 在广州地区为留鸟。康乐园全
年可见,见于园东湖、生命科学
学院实验鱼塘、园西湖和松园湖
等其他水塘。

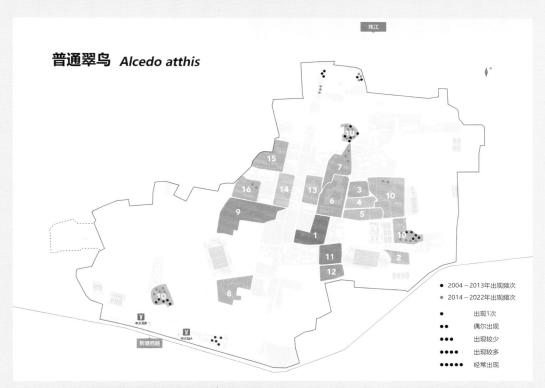

普通翠鸟 *Alcedo atthis*

珠江

- 2004—2013年出现频次
- 2014—2022年出现频次

点	说明
●	出现1次
●●	偶尔出现
●●●	出现较少
●●●●	出现较多
●●●●●	经常出现

白胸翡翠

Halcyon smyrnensis

佛法僧目 Coraciiformes
翠鸟科 Alcedinidae

● 国家二级重点保护野生动物。全长约 27 cm。上体和尾亮蓝色略带绿色，颏、喉及胸中部白色，头、颈、肩及下体余部红棕色。飞行时，现出白色翼斑和黑色翼端，翼上覆羽黑褐色；嘴珊瑚红色，粗大；脚红色。栖息于各类湿地和开阔地，常见停息在电线上，在水中和地面觅食，食物包括昆虫、螃蟹、蛙、蜥蜴、蠕虫等动物。

● 在广州地区为留鸟。曾记录于康乐园改造前的西区运动场、生命科学学院实验鱼塘和八角亭。目前见于园西湖，偶尔出现在英东游泳池。

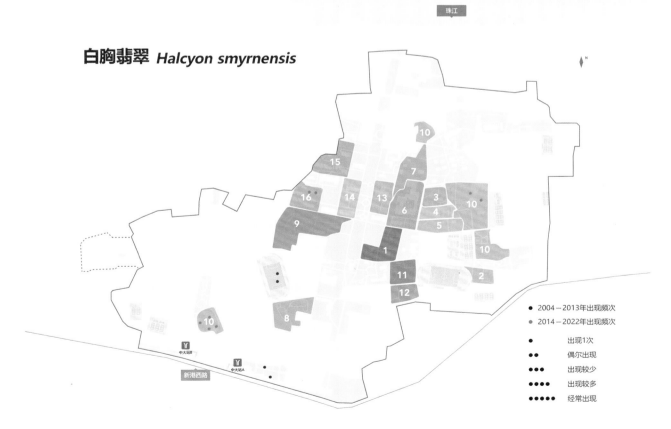

白胸翡翠 *Halcyon smyrnensis*

珠江

- 2004—2013年出现频次
- 2014—2022年出现频次

- 出现1次
- 偶尔出现
- 出现较少
- 出现较多
- 经常出现

蓝喉蜂虎

Merops viridis

佛法僧目 Coraciiformes
蜂虎科 Meropidae

- 国家二级重点保护野生动物。体纤长，中央尾羽延长，总长约 28 cm。成鸟头顶及上背栗红色，喉蓝色，过眼线黑色，翼蓝绿色，腰及长尾浅蓝色，下体浅绿色。幼鸟尾羽无延长，头及上背绿色。嘴长尖而略下弯，黑色。栖息于近水的常绿阔叶林林缘，捕食蜂、蜻蜓和白蚁，也吃很多其他的昆虫。喜群居。

- 在广州地区为夏候鸟。迁徙季节偶见于康乐园，生物博物馆有 1 个 1953 年采集于康乐园的标本记录，近年多次短暂停留于图书馆东桉树上。

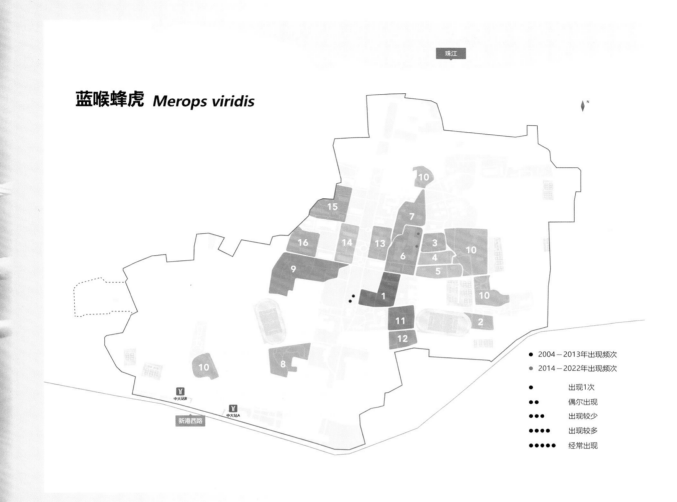

蓝喉蜂虎 *Merops viridis*

珠江

2004－2013年出现频次
2014－2022年出现频次

●　　　　出现1次
●●　　　偶尔出现
●●●　　出现较少
●●●●　出现较多
●●●●●经常出现

三宝鸟

Eurystomus orientalis

佛法僧目 Coraciiformes
佛法僧科 Coraciidae

● 全长约 30 cm。身体粗壮,头大而圆。整体暗蓝绿色,头和尾近黑色,喉钴蓝色。飞行时,蓝紫色的飞羽上有浅蓝色翼斑。嘴短粗,成鸟嘴珊瑚红色,幼鸟嘴黑色;脚红色。栖息于阔叶林或混交林林缘,尤其是农田或村庄附近,常单只站立于显眼位置,如树冠顶、电线等处。

● 在广州地区为夏候鸟。迁徙季节过境康乐园。

三宝鸟 *Eurystomus orientalis*

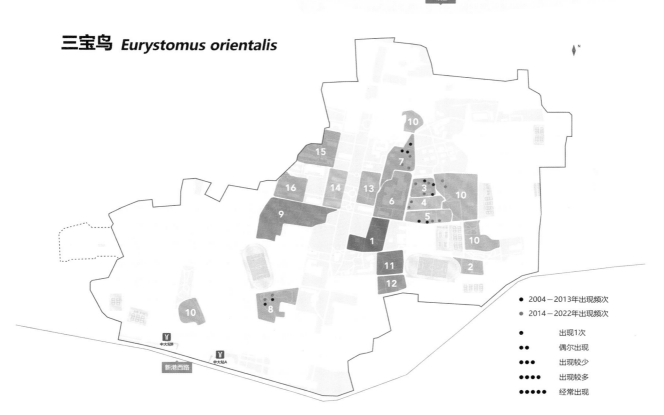

珠江

新港西路
中大站B
中大站A

15
16 14 13
9 6 4 5
1
11 2
12
8
10
10
7
10
3
10

● 2004—2013年出现频次
● 2014—2022年出现频次

● 出现1次
●● 偶尔出现
●●● 出现较少
●●●● 出现较多
●●●●● 经常出现

住木嘤鸣 康乐园鸟类鉴赏

戴胜

Upupa epops

犀鸟目 Bucerotiformes
戴胜科 Upupidae

● 全长约 30 cm。头顶具长且端部黑色的粉棕色丝状冠羽，平时羽冠低伏，惊恐或飞行降落时羽冠短暂竖直；嘴长且下弯；通体棕黄色，两翼和尾羽上有黑白色相间斑块。常见于开阔林地、耕地、果园和草地等生境，于地面用长嘴翻动昆虫觅食。

● 在广州地区为冬候鸟或过境鸟。在康乐园内为过境或冬候鸟，2010 年前每年可见于改造前的西区操场、马丁堂草坪及陈寅恪故居周边草地等，此后再无记录。

戴胜 *Upupa epops*

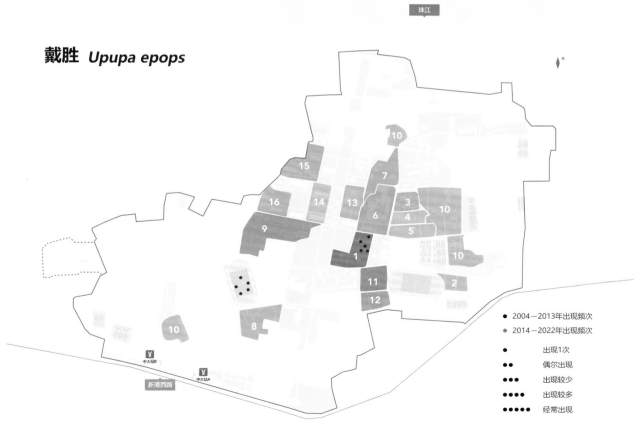

珠江

N

- ● 2004—2013年出现频次
- ● 2014—2022年出现频次

- ● 出现1次
- ●● 偶尔出现
- ●●● 出现较少
- ●●●● 出现较多
- ●●●●● 经常出现

中大站B
中大站A
新港西路

大拟啄木鸟

Psilopogon virens

啄木鸟目 Piciformes
拟啄木鸟科 Capitonidae

● 体形较大，全长约 30 cm。头大，嘴短而粗壮。头、颈和喉暗蓝色或紫蓝色，上胸暗褐色，下胸和腹淡黄色，具宽阔的绿色或蓝绿色纵纹。尾下覆羽红色。背、肩暗绿褐色，其余上体草绿色。嘴浅黄色或褐色，端部黑色；脚灰色。繁殖季节白天不停地鸣叫，于南洋楹、凤凰木和樟树上筑洞巢，已有稳定的繁殖种群。

● 在广州地区为留鸟。康乐园全年可见，但出现频率并不稳定。

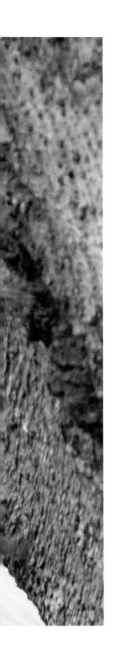

大拟啄木鸟 *Psilopogon virens*

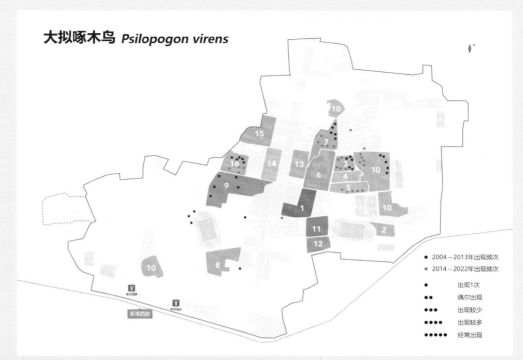

- ● 2004－2013年出现频次
- ● 2014－2022年出现频次

●	出现1次
●●	偶尔出现
●●●	出现较少
●●●●	出现较多
●●●●●	经常出现

蓝喉拟啄木鸟

Psilopogon asiaticus

啄木鸟目 Piciformes
拟啄木鸟科 Capitonidae

- 全长约 20 cm。顶冠前后部位绯红色，中间黑色或偏蓝色。眼周、脸、喉及颈侧亮蓝色。胸两侧各具一红点。虹膜深棕色；嘴灰白色，嘴峰黑色；脚灰色。常见于广州的公园。喜在凤凰木和南洋楹上活动，有凿洞行为。

- 在广州地区为放生或逃逸鸟。在康乐园过去常有单只出现的记录。

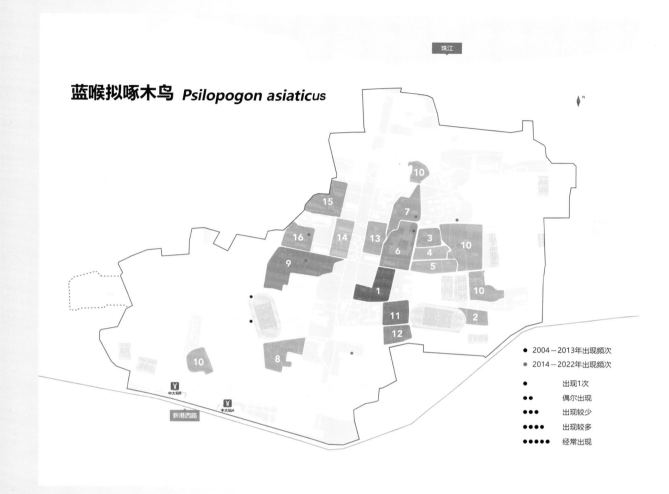

蓝喉拟啄木鸟 *Psilopogon asiaticus*

珠江

N

● 2004—2013年出现频次
● 2014—2022年出现频次

● 出现1次
●● 偶尔出现
●●● 出现较少
●●●● 出现较多
●●●●● 经常出现

住木嘤鸣 康乐园鸟类鉴赏

蚁䴕

Jynx torquilla

啄木鸟目 Piciformes
啄木鸟科 Picidae

● 全长约 17 cm。体羽灰褐色基调，花纹较斑驳；后枕至下背有一暗黑色菱形斑块；下体具小横斑；尾相对较长，具不明显的横斑。嘴圆锥形，相对较短，但舌较长，先端具钩并有黏液，能伸入树洞或蚁巢中取食。喜在地面活动觅食，嗜食蚁类。多单个活动。遇惊吓时，常站在树枝或电线上。

● 在广州地区为冬候鸟或过境鸟。春秋季偶见于康乐园东北区、八角亭。

蚁䴕 *Jynx torquilla*

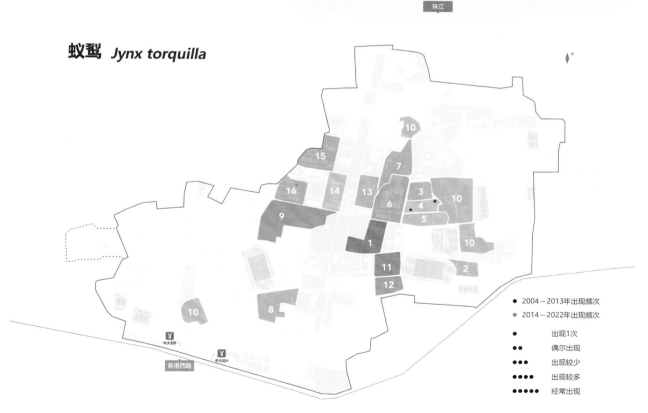

珠江

- ● 2004—2013年出现频次
- ● 2014—2022年出现频次

- ● 出现1次
- ●● 偶尔出现
- ●●● 出现较少
- ●●●● 出现较多
- ●●●●● 经常出现

斑姬啄木鸟
Picumnus innominatus

啄木鸟目 Piciformes
啄木鸟科 Picidae

● 我国啄木鸟中体形较小者，全长约 10 cm。雄鸟头顶至枕部栗红色，有白色长眉纹和深色贯眼纹，髭纹黑色，在贯眼纹和髭纹间形成白色颊纹；上体橄榄绿色，下体灰白色且有鳞状斑；尾短，黑白相间。栖息于灌丛、竹林或混交林间。形小而敏捷，常单个或成对与淡鹛雀鹛、远东山雀等小鸟混群。

● 在广州地区为留鸟。偶尔有游荡个体进入康乐园，近年记录于竹园、马岗顶至游泳池、竹园和教工活动中心等区域。

斑姬啄木鸟 *Picumnus innominatus*

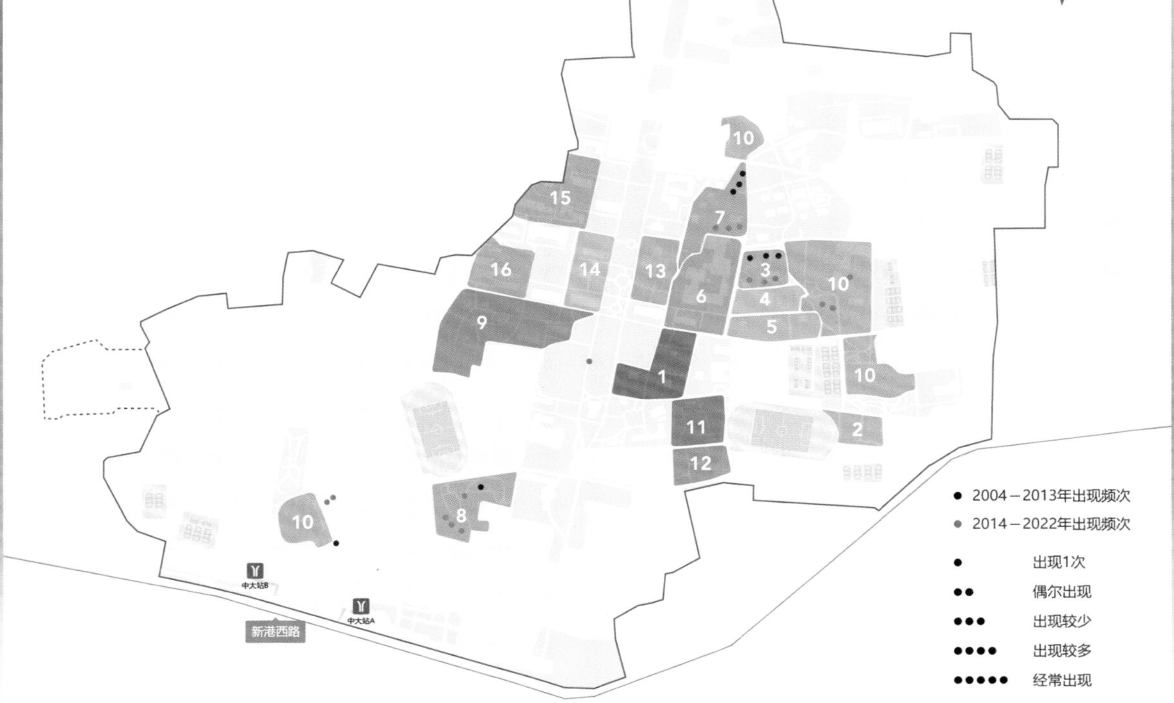
N
10
15
7
16
14
13
3
6
4
10
9
5
1
10
11
2
12
10
8
中大站B
中大站A
新港西路
2004－2013年出现频次
2014－2022年出现频次
出现1次
偶尔出现
出现较少
出现较多
经常出现

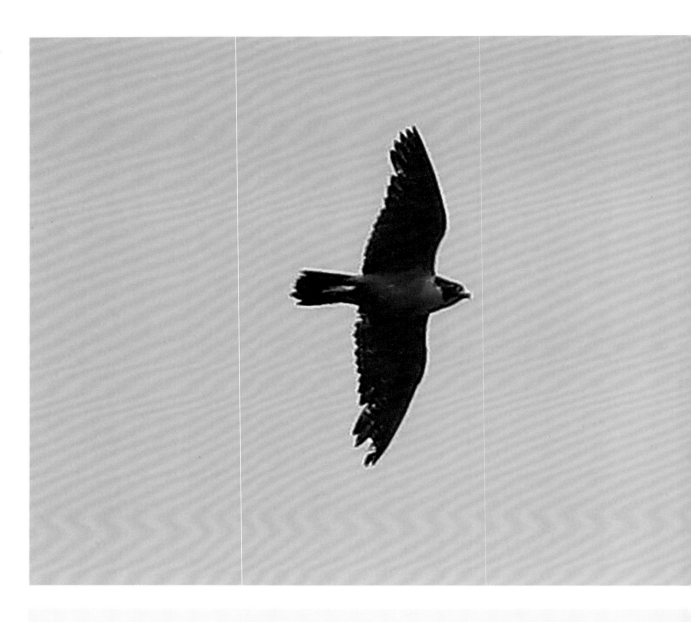

游隼
Falco peregrinus

隼形目 Falconiformes
隼　科 Falconidae

● 国家二级保护野生动物,CITES 附录 II 物种。脸颊有 1 道垂直向下的黑色髭纹,头至后颈灰黑色,其余上体青蓝色,尾下有数条黑色横带。下体白色,胸部有黑色细斑点,下胸至尾下覆羽有黑色横斑。翅下密布黑色波状纹。捕食鸟类、小型兽类等。

● 在广州地区为冬候鸟。秋冬季偶见盘旋于康乐园上空。

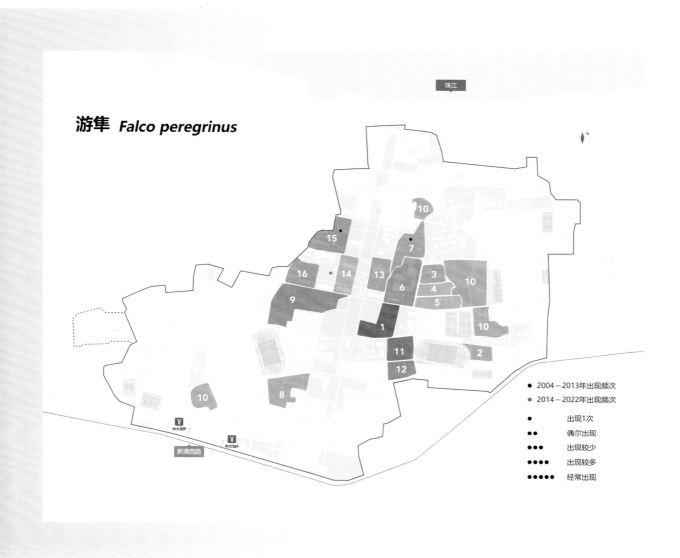

游隼 *Falco peregrinus*

珠江

N

2004－2013年出现频次
2014－2022年出现频次

●　　　出现1次
●●　　　偶尔出现
●●●　　出现较少
●●●●　出现较多
●●●●●　经常出现

中大站B
中大站A
新港西路

住木嘤鸣

康乐园鸟类鉴赏

红隼

Falco tinnunculus

隼形目 Falconiformes
隼　科 Falconidae

● 国家二级重点保护野生动物，CITES 附录Ⅱ物种。雄鸟头部蓝灰色，眼下有道黑色髭纹，喉部白色。上体砖红色，并有稀疏的黑色斑块，翼尖黑色，腰和尾上覆羽蓝灰色。胸腹部和两胁棕黄色，并有黑褐色细纵纹。雌鸟全身棕红色，头顶至后颈有细密的黑纹，背到尾上覆羽有黑褐色横斑。

● 在广州地区为冬候鸟。秋冬季偶见盘旋于康乐园上空。

红隼 *Falco tinnunculus*

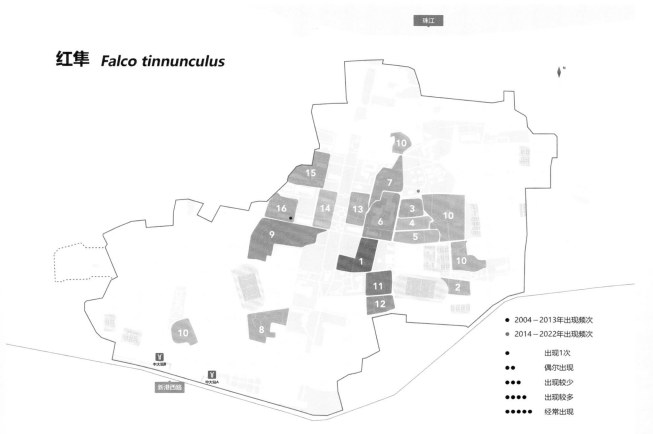

珠江

新港西路

中大站B

中大站A

- 2004—2013年出现频次
- 2014—2022年出现频次

- • 出现1次
- • • 偶尔出现
- • • • 出现较少
- • • • • 出现较多
- • • • • • 经常出现

仙八色鸫

Pitta nympha

雀形目 Passeriformes
八色鸫科 Pittidae

● 国家二级重点保护野生动物，CITES 附录 II 物种。全长约 20 cm。尾短，腿长，头部有黑色顶冠纹、棕栗色侧冠纹、乳白色眉纹和宽阔的黑色贯眼纹；上体蓝绿色，翼及腰部有亮蓝色耀斑；下体米色，臀部鲜红。喜栖于低地灌木丛及次生林。性机警而胆怯，善跳跃。常见单个在林下地面落叶层觅食，也飞落在乔木树上停歇。

● 在广州地区为过境鸟。康乐园东北区每年春秋均有稳定的迁徙过境记录，近年记录于陈寅恪故居、保卫处、图书馆北侧树林、英东游泳池。

珠江

仙八色鸫 *Pitta nympha*

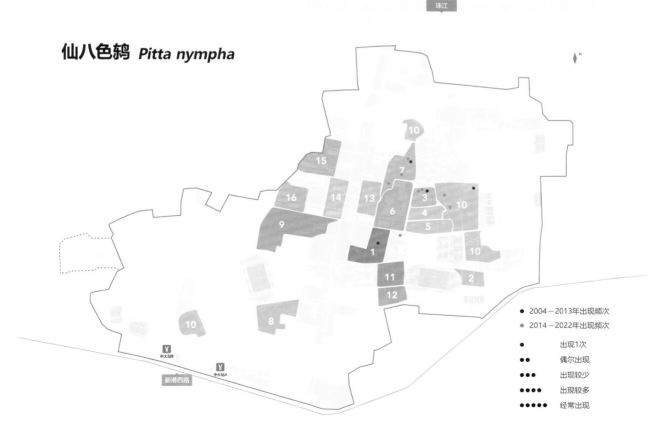

● 2004－2013年出现频次
● 2014－2022年出现频次

● 　　　　出现1次
●● 　　　偶尔出现
●●● 　　出现较少
●●●● 　出现较多
●●●●● 经常出现

黑枕黄鹂

Oriolus chinensis

雀形目 Passeriformes
黄鹂科 Oriolidae

● 全长约 26 cm。黑色过眼纹从眼先延至枕部。雄鸟金黄色，黑色飞羽具黄色边缘，尾黑色，外侧尾羽末端黄色。雌鸟黑色部分较雄鸟暗淡，背橄榄黄色。幼鸟背部橄榄色，下体近白色而具黑色纵纹。嘴粉红色，脚近黑色。栖息于平原至低山的阔叶林和针阔混交林，也见于农田、荒地、原野及公园的高大乔木上。多在树冠中隐匿，单只或成对活动。

● 在广州地区为过境鸟。每年春秋季节过境康乐园，过境的时间较为稳定。

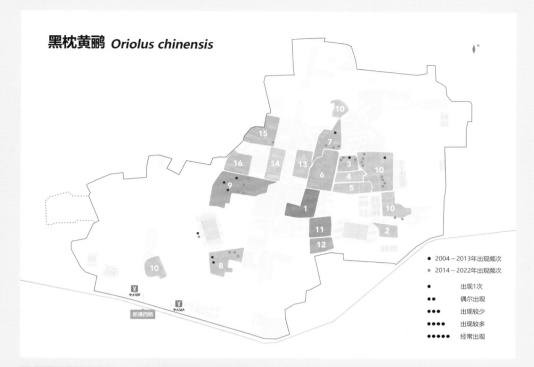

黑枕黄鹂 *Oriolus chinensis*

- 2004—2013年出现频次
- 2014—2022年出现频次

●	出现1次
●●	偶尔出现
●●●	出现较少
●●●●	出现较多
●●●●●	经常出现

白腹凤鹛

Erpornis zantholeuca

雀形目 Passeriformes
绿鹛科 Vireonidae

● 全长约 13 cm。上体橄榄绿色，头有明显的冠羽；下体灰白色；尾下覆羽淡黄色。常与淡眉雀鹛等鸟类混群，喜在林冠层觅食昆虫。

● 在广州地区为留鸟。偶尔游荡进入康乐园。

白腹凤鹛 *Erpornis zantholeuca*

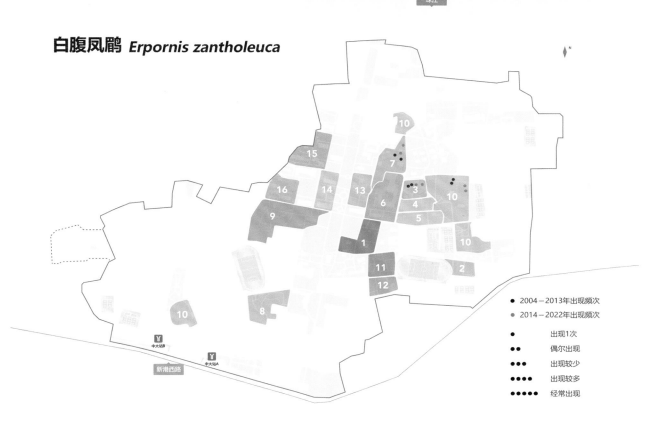

珠江

● 2004-2013年出现频次
● 2014-2022年出现频次

● 出现1次
●● 偶尔出现
●●● 出现较少
●●●● 出现较多
●●●●● 经常出现

雀形目

91

暗灰鹃鵙

Coracina melaschistos

雀形目 Passeriformes
山椒鸟科 Campephagidae

● 全长约 23 cm。雄鸟通体蓝灰色，双翼及尾羽黑色，尾羽腹面末端白色。雌鸟似雄鸟但色浅，白色眼圈通常不完整，颊部具白色细纹，下体浅灰色具黑色横纹。单独或成对活动，时常逗留在树冠层，在树叶上搜寻昆虫。

● 在广州地区为过境鸟。迁徙季节稳定过境康乐园，几乎每年春秋季节均有记录。

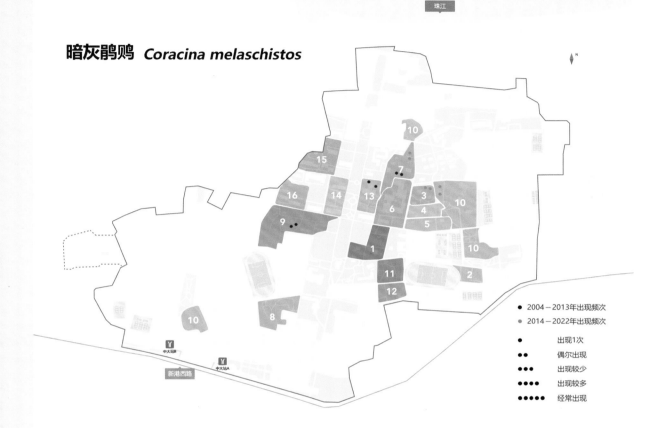

暗灰鹃鵙 *Coracina melaschistos*

珠江

● 2004－2013年出现频次
● 2014－2022年出现频次

● 　　　　出现1次
●● 　　　偶尔出现
●●● 　　出现较少
●●●● 　出现较多
●●●●● 经常出现

小灰山椒鸟

Pericrocotus cantonensis

雀形目 Passeriformes
山椒鸟科 Campephagidae

- 全长约 18 cm。雄鸟前额白色，白斑延至眼后；过眼纹黑色；两翼黑色，大覆羽及三级飞羽有浅色边缘；腰浅棕色，胸、胁暗棕色，黑色的尾具污白色的外侧尾羽。雌鸟较雄鸟更显褐色，前额白斑和浅黄色翼斑有时不显。嘴黑色，脚黑色。多栖息于常绿、落叶阔叶林和针叶林。冬季形成较大群。觅食于乔木的中上层。

- 在广州地区为过境鸟。春秋季节过境康乐园，2010 年前模范村每年都有过境小群，2006 年国庆期间，有约20 只的小群在模范村高大樟树上活动觅食。

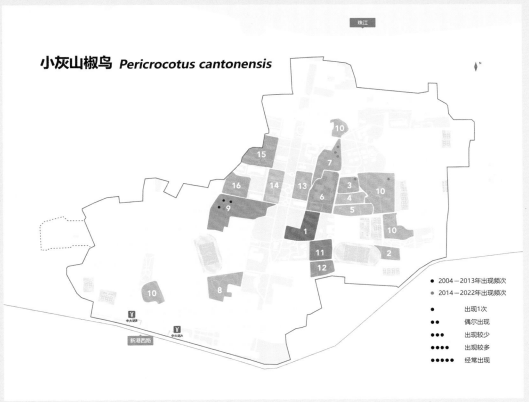

小灰山椒鸟 *Pericrocotus cantonensis*

珠江

新港西路

2004—2013年出现频次
2014—2022年出现频次

出现1次
偶尔出现
出现较少
出现较多
经常出现

灰山椒鸟

Pericrocotus divaricatus

雀形目 Passeriformes
山椒鸟科 Campephagidae

- 全长约 19 cm。雄鸟白色的前额斑块仅及眼，黑色贯眼纹与黑色的头顶和后枕相接。上体及腰灰色；次级飞羽基部通常有白斑；尾羽黑色，外侧尾羽白色；下体白色，胸较干净，两侧染灰色。雌鸟前额白斑较狭窄，头顶、耳羽及枕部灰色，上体较雄性色浅。嘴和脚黑色。迁徙时结群，喜在树端站立或在森林上空飞翔。

- 在广州地区为过境鸟。春秋季节偶尔过境康乐园，多为单只记录。

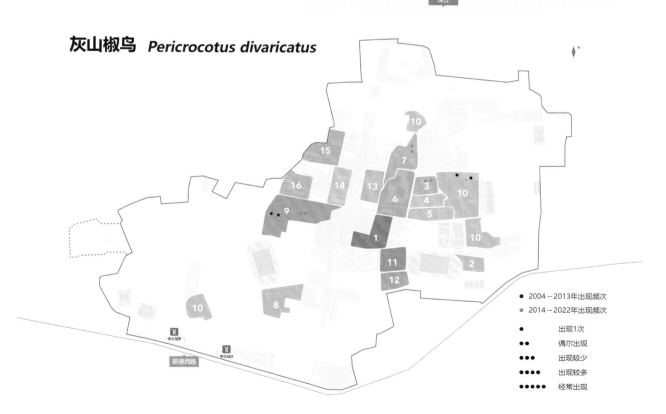

珠江

灰山椒鸟 *Pericrocotus divaricatus*

- ● 2004—2013年出现频次
- ● 2014—2022年出现频次

- ● 出现1次
- ●● 偶尔出现
- ●●● 出现较少
- ●●●● 出现较多
- ●●●●● 经常出现

赤红山椒鸟
Pericrocotus flammeus

雀形目 Passeriformes
山椒鸟科 Campephagidae

● 体形较大，全长约 20 cm。雄鸟胸腹、腰、外侧尾羽及翼上的"刁"字形斑纹红色，余部蓝黑色。雌鸟背部多灰色，前额橙黄色，眼先黑色，耳羽灰色，下体连同喉部橙黄色。嘴黑色，比灰喉山椒鸟厚重；脚黑色。栖息于中低海拔的山地和平原的林地，喜结集于乔木冠部觅食，结群活动或与其他鸟混群。

● 在广州地区为留鸟。常结小群游荡进入康乐园，有时与灰喉山椒鸟混群。2012 年 3 月有 12 只赤红山椒鸟和灰喉山椒鸟混合的小群活动于康乐园模范村和西北区居民区，在高大木棉树花丛中活动觅食。

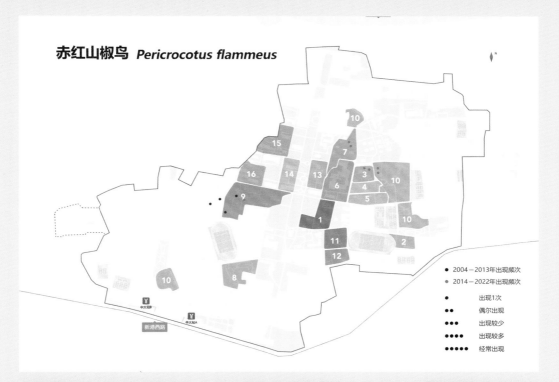

赤红山椒鸟 *Pericrocotus flammeus*

10
15
7
16 14 13 3 10
6 4
9 5
1 10
11
12 2
10
8

● 2004—2013年出现频次
● 2014—2022年出现频次

● 出现1次
●● 偶尔出现
●●● 出现较少
●●●● 出现较多
●●●●● 经常出现

Y 中大北门
Y 中大站A
新港西路

灰喉山椒鸟

Pericrocotus solaris

雀形目 Passeriformes
山椒鸟科 Campephagidae

● 全长约 18 cm。雌雄均有深灰色的头和上背，颏和喉浅灰色，翼及尾灰黑色。雄鸟下背至腰、外侧尾羽及下体亮橘红色，黑色翼具"フ"形红色翼斑。雌鸟以亮黄色取代雄鸟的红色，上背至腰橄榄灰色。嘴及脚黑色。栖息于中低海拔的山地和平原的林地，喜集结于乔木冠部觅食，结群活动或与其他鸟混群。

● 在广州地区为留鸟。偶尔结小群与赤红山椒鸟一起游荡进入康乐园。

灰喉山椒鸟 *Pericrocotus solaris*

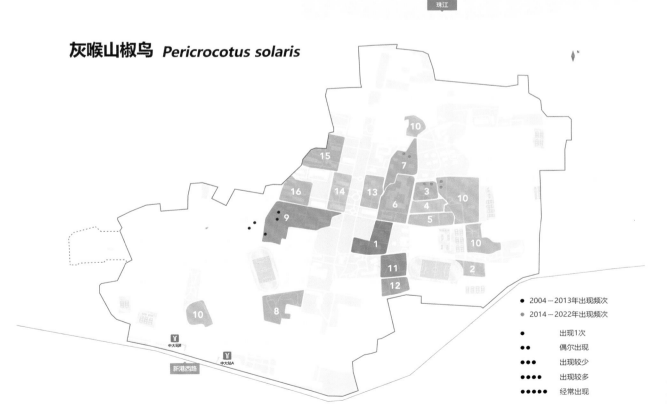

珠江

2004—2013年出现频次
2014—2022年出现频次

● 出现1次
●● 偶尔出现
●●● 出现较少
●●●● 出现较多
●●●●● 经常出现

新港西路

黑卷尾

Dicrurus macrocercus

雀形目 Passeriformes
卷尾科 Dicruridae

- 全长约 30 cm。通体黑色,上体、胸部及尾羽有蓝色光泽,尾长并分叉;幼鸟下体下部具浅色横纹。嘴及脚黑色。栖息于原野、耕地、城市公园等地,常立于树梢、光枝或电线上,飞翔于空中捕食昆虫。

- 在广州地区为夏候鸟。2010 年前仅有 1 次飞过康乐园的记录,近年春秋季有稳定过境康乐园的记录,但数量较少。

黑卷尾 *Dicrurus macrocercus*

珠江

新港西路

中大站A

中大站B

- 2004－2013年出现频次
- 2014－2022年出现频次

- 　　　出现1次
- ● ●　偶尔出现
- ● ● ●　出现较少
- ● ● ● ●　出现较多
- ● ● ● ● ●　经常出现

发冠卷尾
Dicrurus hottentottus

雀形目 Passeriformes
卷尾科 Dicruridae

● 全长约 32 cm。通体黑色，具蓝绿色金属光泽斑点，前额具丝状羽冠；尾羽较长，宽阔的尾端向上卷曲。第一年冬羽金属光泽斑点较少，腹部和臀具白斑。嘴黑色，脚黑色。栖息于中低山的各类林地，也见于公园和人工绿地。常单独或成对活动于林冠层。

● 在广州地区为夏候鸟。春秋季节稳定过境康乐园。

发冠卷尾 *Dicrurus hottentottus*

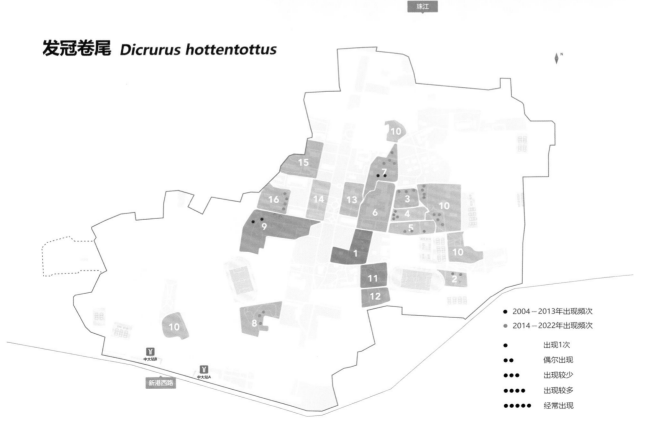

珠江

● 2004－2013年出现频次
● 2014－2022年出现频次

●　　　　出现1次
●●　　　偶尔出现
●●●　　出现较少
●●●●　出现较多
●●●●●经常出现

灰卷尾

Dicrurus leucophaeus

雀形目 Passeriformes
卷尾科 Dicruridae

● 全长约 28 cm。全身暗灰色，鼻羽和前额黑色，眼先及头的两侧为纯白色，尾长而分叉，尾羽上有不明显的浅黑色横纹。嘴灰黑色，脚黑色。

● 在广州地区为过境鸟。每年春秋季节康乐园都有稳定的过境记录，多为单只记录，2010 年前记录较多，近年明显减少。

灰卷尾 *Dicrurus leucophaeus*

● 2004－2013年出现频次
● 2014－2022年出现频次

● 出现1次
●● 偶尔出现
●●● 出现较少
●●●● 出现较多
●●●●● 经常出现

住木嘤鸣

康乐园鸟类鉴赏

家燕

Hirundo rustica

雀形目 Passeriformes
燕　科 Hirundinidae

- 全长约 17 cm。前额、喉部棕红色，胸部有黑色斑块，头顶和上体为具金属光泽的蓝黑色，腹部白色；尾具深分叉，近尾端具白色带。栖息于从城市到农村的各种比较开阔的生境。

- 在广州地区以夏候鸟为主。近年春夏季在康乐园较常见。只在最近几年才出现在康乐园，且数量有增多的趋势，可能与草坪面积增多有关。

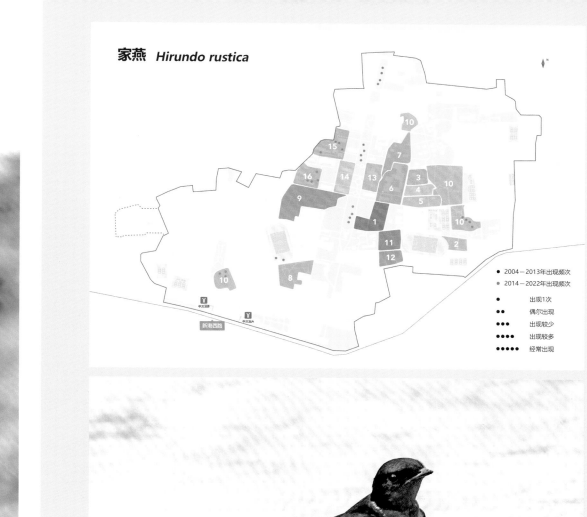

家燕 *Hirundo rustica*

● 2004—2013年出现频次
● 2014—2022年出现频次

· 出现1次
·· 偶尔出现
··· 出现较少
···· 出现较多
····· 经常出现

白头鹎

Pycnonotus sinensis

雀形目 Passeriformes
鹎　科 Pycnonotidae

● 全长约 19 cm。头黑色，略具羽冠，眼后一白色宽纹延至枕部，眼先有一小白点，耳羽白色；上背灰绿色，下体污白色，颏、喉及尾下覆羽白色。幼鸟较暗淡，头灰色。嘴黑色，较强壮，上喙先端具钩，钩后有一缺刻。脚黑色。栖息于低地次生林地、灌丛、农田、村镇、市区公园等多种生境。喜结群集聚于枝头叶丛活动觅食，冬季可见数百只甚至上千只大群。杂食性，以昆虫和果实为食。

● 在广州地区为留鸟。康乐园常住鸟类，种群数量较大，见于各种生境。

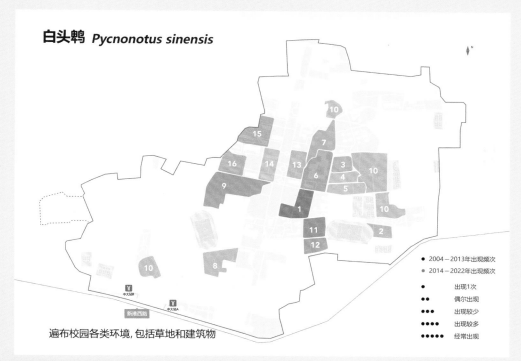

白头鹎 *Pycnonotus sinensis*

● 2004—2013年出现频次
● 2014—2022年出现频次

● 出现1次
●● 偶尔出现
●●● 出现较少
●●●● 出现较多
●●●●● 经常出现

遍布校园各类环境, 包括草地和建筑物

红耳鹎

Pycnonotus jocosus

雀形目 Passeriformes
鹎　科 Pycnonotidae

● 体修长，全长约 20 cm。额至头顶黑色，头顶有耸立的黑色羽冠，眼下后方有一鲜红色斑，其下有一白斑，白斑周围镶黑圈；上体褐色，尾黑褐色，下体白色；成鸟尾下覆羽红色，亚成鸟橘红色。嘴黑色，上喙先端具钩，钩后有一缺刻。栖息于公园、林缘地、低山丘陵的树林和灌丛。性喧闹，常集群活动。

● 在广州地区为留鸟。康乐园常住鸟类，是康乐园种群数量最大的鹎类，其种群数量显著大于白头鹎，见于各种生境。

白喉红臀鹎

Pycnonotus aurigaster

雀形目 Passeriformes
鹎 科 Pycnonotidae

● 全长约 20 cm。头顶黑色，有不显著的羽冠，上体和两翼灰褐色，腰苍白色，尾羽黑色，末端白色；额黑而喉白，下体污白色；成鸟尾下覆羽红色，亚成鸟橘红色。嘴黑色，上喙先端具钩，钩后有一缺刻。栖息于低海拔山区、丘陵和平原地带的次生林、竹林和灌丛等生境。

● 在广州地区为留鸟。偶尔游荡到康乐园，不常见，近年有增多趋势，记录于英东游泳池等处。

白喉红臀鹎 *Pycnonotus aurigaster*

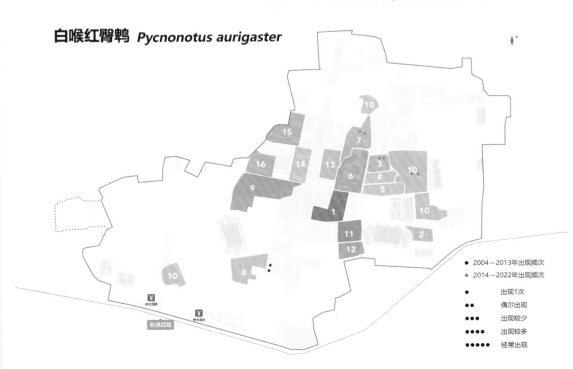

珠江

- 2004－2013年出现频次
- 2014－2022年出现频次

- 出现1次
- •• 偶尔出现
- ••• 出现较少
- •••• 出现较多
- ••••• 经常出现

栗背短脚鹎

Hemixos castanonotus

雀形目 Passeriformes
鹎　科 Pycnonotidae

● 全长约 21 cm。头顶黑色，略具羽冠，前额、眼先、颊部及枕部栗红色。上体栗褐色，翼深褐色，覆羽、二级及三级飞羽具浅色羽缘。尾深灰褐色，有黑色羽端。颏、喉白，胸、腹部及两胁浅灰色，尾下覆羽白色。嘴黑色，上喙先端具钩，钩后有一缺刻。脚黑色。栖息于丘陵山地各类林地。或成小群在高大的树上觅食，或活动于灌丛间。

● 在广州地区为留鸟。冬、春季游荡到康乐园，春季常有小群进入康乐园活动。

珠江

栗背短脚鹎 *Hemixos castanonotus*

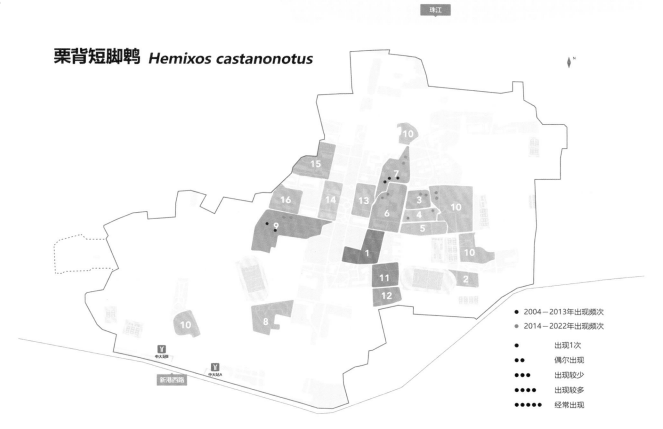

● 2004—2013年出现频次
● 2014—2022年出现频次

●   出现1次
●●   偶尔出现
●●●   出现较少
●●●● 出现较多
●●●●● 经常出现

黑鹎

Hypsipetes leucocephalus

雀形目 Passeriformes
鹎　科 Pycnonotidae

- 全长约 20 cm。头略具松散的羽冠。有 2 种典型色型:
  通体黑色,或仅头颈部白色,余部黑色。也有这 2 种色型
  的中间过渡型。嘴红色,上喙先端具钩,钩后有一缺刻;
  脚红色。栖于山地、丘陵的森林,也见于山脚村落,或城
  市公园等。随着季节变化而发生垂直迁移现象。冬季常
  集聚为上百只的大群,散落在树冠上。飞行径直而快速。
  杂食性,冬季以植物性食物为主,夏季多食花蜜和昆虫。

- 在广州地区为留鸟。春季常有小群进入康乐园活动。

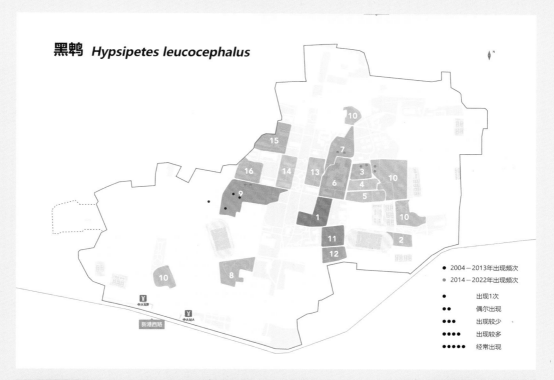

黑鹎 *Hypsipetes leucocephalus*

● 2004－2013年出现频次
● 2014－2022年出现频次

● 出现1次
●● 偶尔出现
●●● 出现较少
●●●● 出现较多
●●●●● 经常出现

橙腹叶鹎

Chloropsis hardwickii

雀形目 Passeriformes
叶鹎科 Choropseidae

● 全长约 20 cm。雄鸟上体绿色，下体橘黄色；赭黄色的前额与头顶染蓝色，下脸颊、喉及上胸黑色，髭纹蓝色，两翼及尾蓝色；翼缘和尾深蓝色。雌鸟大体绿色，髭纹蓝色，腹中央至臀部具一狭窄的橘黄色条带。嘴黑色，脚铅灰色。栖息于热带亚热带林间，多活动于乔木冠层，偶尔也到林下灌丛和地上活动觅食，主要以昆虫为食，也吃部分植物花蜜、果实及种子。常模仿其他鸟的叫声。

● 在广州地区为留鸟。偶尔游荡进入康乐园。

橙腹叶鹎 *Chloropsis hardwickii*

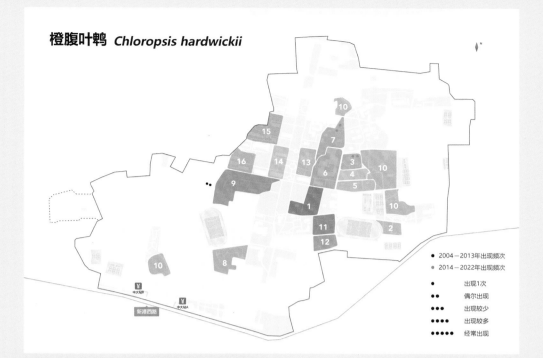

2004—2013年出现频次
2014—2022年出现频次

● 出现1次
●● 偶尔出现
●●● 出现较少
●●●● 出现较多
●●●●● 经常出现

红尾伯劳

Lanius cristatus

雀形目 Passeriformes
伯劳科 Laniidae

● 全长约 20 cm。雄鸟头顶浅灰色，具白色眉纹和黑色粗贯眼纹，上体棕褐色，翅膀黑褐色，尾羽棕红色，额、喉白色，其余下体棕白色。雌鸟下体具鳞状细纹，幼鸟似雌鸟但背及体侧具更多深褐色鳞状细纹。嘴黑色，脚铅灰色。

● 在广州地区为过境鸟。迁徙季节比较稳定过境康乐园。

红尾伯劳 *Lanius cristatus*

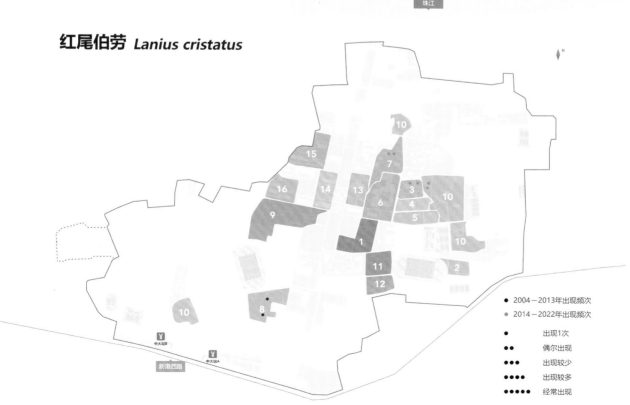

珠江

新港西路

中大站B

中大站A

- 2004—2013年出现频次
- 2014—2022年出现频次

	出现1次
●	出现1次
●●	偶尔出现
●●●	出现较少
●●●●	出现较多
●●●●●	经常出现

虎纹伯劳

Lanius tigrinus

雀形目 Passeriformes
伯劳科 Laniidae

● 全长约 19 cm。成年雄鸟顶冠及颈背灰色；背、两翼及尾栗红色，具黑色横斑；眼先黑色，其上几无眉纹；下体白色，两胁具褐色横斑。雌鸟似雄鸟，眼先白色，略具白色眉纹。亚成鸟为较暗的褐色，过眼纹和眉纹模糊，头具横斑，下体皮黄，腹部及两胁具横斑。嘴黑色，脚铅灰色。

● 在广州地区为过境鸟。春秋季节偶尔过境康乐园。

虎纹伯劳 *Lanius tigrinus*

棕背伯劳

Lanius schach

雀形目 Passeriformes
伯劳科 Laniidae

● 全长约 25 cm。成鸟头顶及颈背深灰色,具黑色眼罩,前额有狭窄的黑色区,背、腰及体侧红褐,翼及尾黑色,翼上具一白斑,颏、喉、胸及腹中心部位白色。幼鸟色较暗,两胁及背具横斑,头及颈部灰色较重。喜草地、灌丛、茶林及其他开阔地,立于树枝顶端或电线上,俯视四周,伺机捕食,主要以昆虫为食,也捕食蛙、小型鸟类及鼠类。

● 在广州地区为留鸟。康乐园常住鸟类。曾稳定出现在康乐园中区西区竹园和改造前的西区运动场,现多见于英东游泳池周边等处。

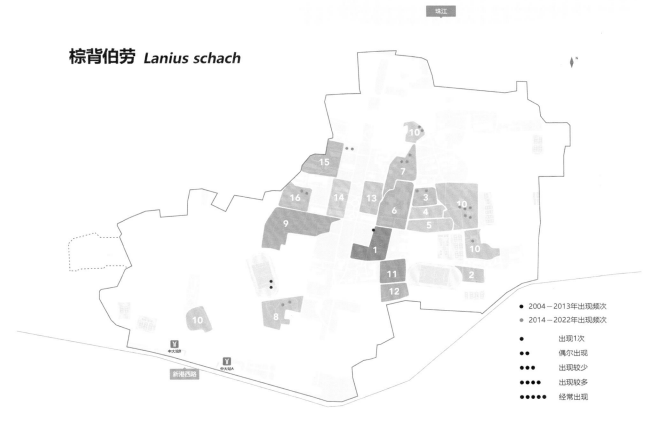

珠江

棕背伯劳 *Lanius schach*

N

10
15
7
16 14 13 3
6 4 10
9 5
1 10
11 2
12
10 8

● 2004—2013年出现频次
● 2014—2022年出现频次

・ 出现1次
・・ 偶尔出现
・・・ 出现较少
・・・・ 出现较多
・・・・・ 经常出现

中大站B
中大站A
新港西路

八哥

Acridotheres cristatellus

雀形目 Passeriformes
椋鸟科 Sturnidae

● 全长约 26 cm。通体黑色，前额有长而竖直的羽簇，飞行时可见初级飞羽基部的白色块状翼斑，尾羽末端白色，尾下覆羽白色。嘴浅黄色，嘴基红色；脚暗黄色。活动于近山矮林、路旁、村庄、农作区、有大片草地的公园等生境。

● 在广州地区为留鸟。康乐园周边区域有较大留鸟种群，偶尔进入康乐园。过去康乐园比较少见，近年随着校园树木稀疏，草坪面积增大，八哥数量明显增多。

八哥 *Acridotheres cristatellus*

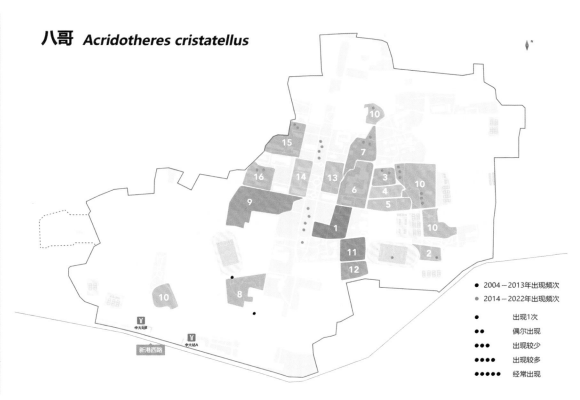

● 2004—2013年出现频次
● 2014—2022年出现频次

● 　　　　出现1次
●● 　　　 偶尔出现
●●● 　　 出现较少
●●●● 　出现较多
●●●●● 经常出现

丝光椋鸟
Spodiopsar sericeus

雀形目 Passeriformes
椋鸟科 Sturnidae

● 全长约 23 cm。雄鸟头部浅色，头顶及脸颊染褐色，颏、喉至上胸白色，具丝状羽。两翼及尾辉黑色，腰浅灰色，余部青灰色。飞行时初级飞羽基部的白斑明显。雌鸟体羽暗淡偏褐色，头部为灰褐色且颈部丝状羽不明显，腰部颜色更浅。嘴红色而尖端黑色，脚暗橘黄。栖息于开阔平原、农耕区和湿地公园，多成对或结群活动。

● 在广州地区为留鸟或冬候鸟。过去康乐园比较少见，2012 年之前，康乐园仅偶尔可见几只组成的小群活动于西大球场，近年随着康乐园树木稀疏，草坪面积增大，数量明显增多。在康乐园西大球场至生命科学学院一带，经常可见几十只组成的大群。

珠江

丝光椋鸟 *Spodiopsar sericeus*

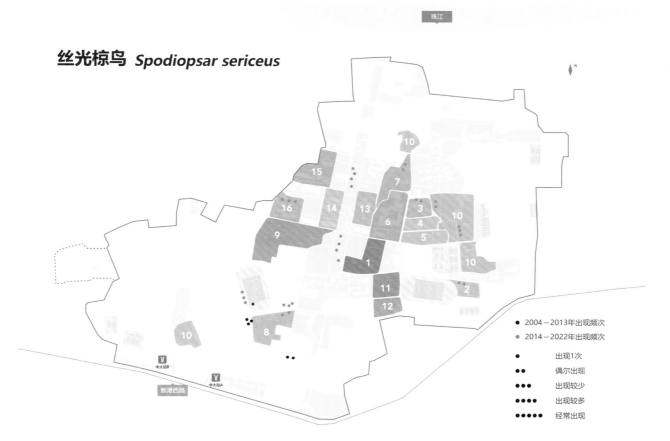

- ● 2004－2013年出现频次
- ● 2014－2022年出现频次

- ● 出现1次
- ●● 偶尔出现
- ●●● 出现较少
- ●●●● 出现较多
- ●●●●● 经常出现

黑领椋鸟
Gracupica nigricollis

雀形目 Passeriformes
椋鸟科 Sturnidae

● 全长约 28 cm。成鸟头白色，眼周裸露皮肤黄色；宽阔颈环及上胸黑色；背及两翼黑色，具多道白色翼斑；尾黑色，尾端和外侧尾羽白色。成对或结小群活动于开阔的农田和荒地、城市公园开阔的草坪等生境。

● 在广州地区为留鸟。过去康乐园比较少见，近年数量明显增多。

黑领椋鸟 *Gracupica nigricollis*

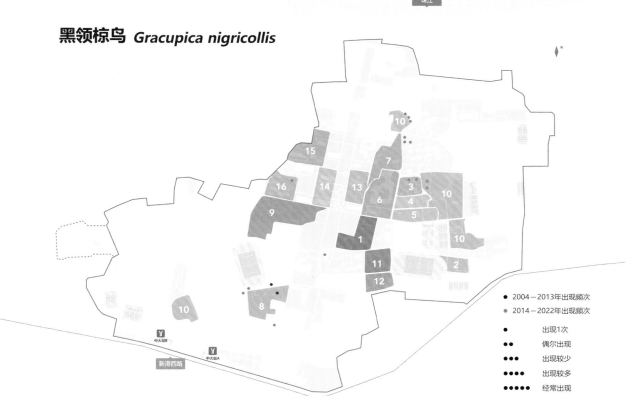

● 2004－2013年出现频次
● 2014－2022年出现频次

● 　　　　出现1次
●● 　　　偶尔出现
●●● 　　出现较少
●●●● 　出现较多
●●●●● 经常出现

红嘴蓝鹊

Urocissa erythrorhyncha

雀形目 Passeriformes
鸦　科 Corvidae

● 全长约 68 cm。头顶白色，头侧至上胸黑色，上背及两翼蓝灰色，腹部及臀白色，尾甚长，中央尾羽蓝色具白端，外侧尾羽具白色端斑和黑色次端斑。虹膜红色，嘴和脚鲜红色。栖息于山区各种类型的森林，常成对或集小群活动，性活泼而嘈杂。

● 在广州地区为留鸟。康乐园的常住鸟类，在康乐园有稳定的繁殖群。

橙头地鸫

Zoothera citrine

雀形目 Passeriformes
鸫 科 Turdidae

● 全长约 22 cm。雄鸟头、颈、胸及上腹橘黄色,脸颊具2道褐色纵纹;背部及尾蓝灰色,翼角具白色横纹;下腹及尾下覆羽白色。雌鸟似雄鸟,但颜色较暗淡。嘴灰黑色,脚橘黄色至黄褐色。地栖性,单独或成对于林下空地上活动觅食,有时也在树上吃果实。

● 在广州地区为夏候鸟。迁徙季节有大量而稳定的过境个体出现在康乐园,数量较多,但近年明显减少。

橙头地鸫 *Zoothera citrine*

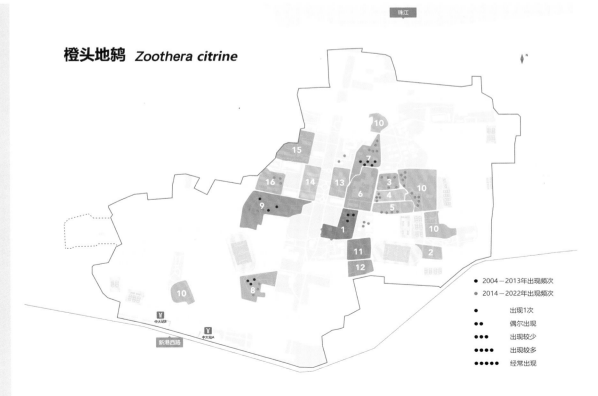

白眉地鸫

Zoothera sibirica

雀形目 Passeriformes
鸫　科 Turdidae

● 全长约 23 cm。雄鸟蓝黑色，白色的长眉纹宽而显著，两胁具白色细鳞纹，下腹和尾下覆羽染白色。飞行时现出翼下 2 条白色带和白色的外侧尾羽末端。雌鸟橄榄褐色，眉纹、颊纹和喉黄白色，腰部和尾羽青灰色，胸腹浅色而具褐色鳞状斑。地栖性，主要在地面活动和觅食。栖息于多灌丛的地面。

● 在广州地区为过境鸟。迁徙季节过境康乐园，偶见于图书馆北侧小树林、图书馆东侧小平台。

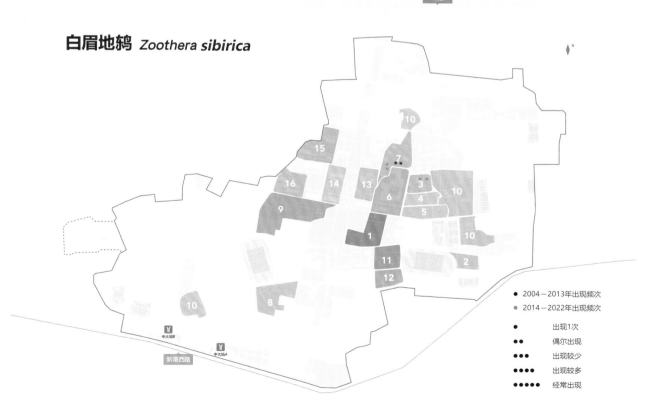

白眉地鸫 *Zoothera sibirica*

珠江

新港西路

- 2004－2013年出现频次
- 2014－2022年出现频次

- ● 出现1次
- ●● 偶尔出现
- ●●● 出现较少
- ●●●● 出现较多
- ●●●●● 经常出现

怀氏虎鸫

Zoothera aurea

雀形目 Passeriformes
鸫　科 Turdidae

● 全长约 28 cm。周身布满金褐色和黑色的鳞状斑纹，外侧尾羽黑色但末端白色。飞行时可见翼下的黑、白横带。嘴深褐色，下嘴基部较浅；脚带粉色。地栖性，常见单个或成对活动，多在林下灌丛中或地上觅食。

● 在广州地区为过境鸟。迁徙季节稳定过境康乐园，在春秋两季见于康乐园具有较开阔空地的生境。

珠江

怀氏虎鸫 *Zoothera aurea*

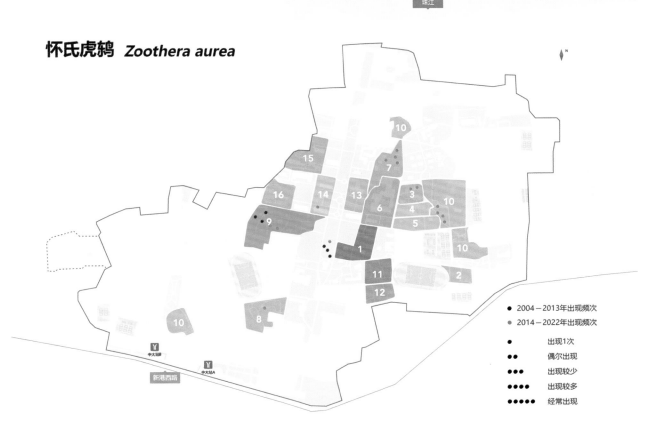

● 2004－2013年出现频次
● 2014－2022年出现频次

● 出现1次
●● 偶尔出现
●●●● 出现较少
●●●●● 出现较多
●●●●● 经常出现

住木嘤鸣 康乐园鸟类鉴赏

白腹鸫

Turdus pallidus

雀形目 Passeriformes
鸫 科 Turdidae

● 全长约 24 cm。雄鸟头及喉灰褐色，上体至尾上覆羽深橄榄褐色，胸和两胁染浅棕色，下腹至尾下覆羽白色。雌鸟头褐色，喉偏白而略具细纹。上嘴黑灰色，下嘴黄色；脚红棕色。多在林下层和地面活动觅食，以昆虫及其幼虫为食，也吃植物果实和种子。

● 在广州地区为过境鸟。迁徙季节稳定过境康乐园，有稳定越冬记录，多见于图书馆北侧小树林、游泳池等。

142

白腹鸫 *Turdus pallidus*

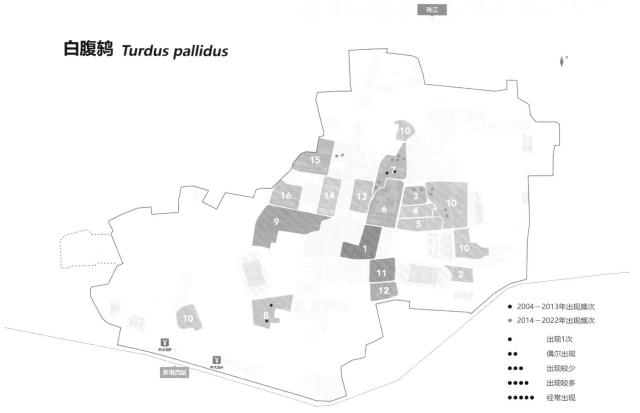

珠江

N

10

15

16　14　13　　3

9　　6　4　10

5

1　10

11　　2

12

8　10

中大北门

中大站A

新港西路

● 2004—2013年出现频次
● 2014—2022年出现频次

●　　　出现1次
●●　　偶尔出现
●●●　出现较少
●●●●　出现较多
●●●●●　经常出现

白眉鸫
Turdus obscurus

雀形目 Passeriformes
鸫　科 Turdidae

● 全长约 23 cm。雌雄都有显著的白色眉纹、黑色眼先和眼下白斑。繁殖期雄鸟头部灰黑色，上体褐色，胸及两胁栗色，腹中部及尾下覆羽白色。雌鸟颜色较暗，头橄榄褐色，喉部白色，具褐色纵纹。嘴端黑色，下嘴基部黄色；脚偏黄至深肉棕色。主要栖息于林地、农田、果园和公园，主要在地面觅食，也在树上取食。

● 在广州地区为冬候鸟或过境鸟。康乐园有稳定的越冬和迁徙过境记录，多见于图书馆北侧小树林、游泳池等。以春季最常见，数量较多。近年明显减少。

白眉鸫 *Turdus obscurus*

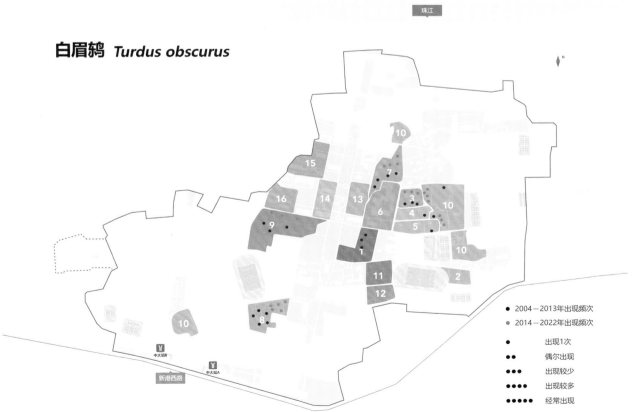

珠江

10

15

7

16   14   13   3   10

6   4

9   5

1

10

11   2

12

10   8

中大站B

中大站A

新港西路

● 2004—2013年出现频次
● 2014—2022年出现频次

● 出现1次
●● 偶尔出现
●●● 出现较少
●●●● 出现较多
●●●●● 经常出现

赤颈鸫

Turdus ruficollis

雀形目 Passeriformes
鸫　科 Turdidae

● 全长约 25 cm。雄鸟上体灰褐色，脸、眉纹、喉、胸部棕色，腹部白色沾褐色，尾下覆羽白色，外侧尾羽基部带棕褐色。雌鸟像雄鸟，但是棕色较淡而偏白，喉、胸部具纵纹。赤颈鸫繁殖于我国新疆西部及北部，一般在长江以北越冬，在广东属于迷鸟。

● 在广州为过境鸟。康乐园只有 1 次记录，也是广州市的第 1 次记录，见于图书馆西北的草地及高树。

赤颈鸫 *Turdus ruficollis*

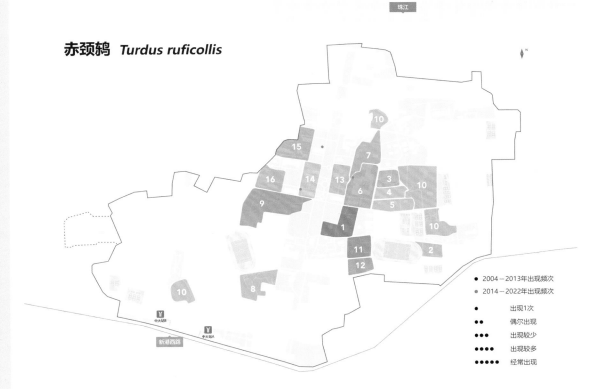

斑鸫
Turdus eunomus

雀形目 Passeriformes
鸫　科 Turdidae

● 全长约24 cm。雄鸟额、头顶至后颈黑色，眉纹白色，耳羽黑色，喉白色；上背和两肩深褐色，具不显棕色羽缘，而呈现出不显的黑色点斑；腰及尾上覆羽棕色，尾羽黑褐色，基部羽缘缀有棕栗色；飞羽黑褐色，除第一枚初级飞羽外，均有棕栗色羽缘而成棕栗色翼斑；翼下红棕色；胸和两胁黑色或黑褐色，具白色羽缘，而使胸和两胁具白色鳞状斑纹（亦描述为具黑色点斑，在胸部和两胁形成黑带）。常出现在林地、农田、果园等生境。

● 在广州为冬候鸟或过境鸟。康乐园偶有少量越冬记录，见于图书馆北侧小树林、松园湖等。

斑鸫 *Turdus eunomus*

珠江

● 2004－2013年出现频次
● 2014－2022年出现频次

● 出现1次
●● 偶尔出现
●●● 出现较少
●●●● 出现较多
●●●●● 经常出现

中大站B
新港西路
中大站A

灰背鸫

Turdus hortulorum

雀形目 Passeriformes
鸫　科 Turdidae

● 全长约 22 cm。雌雄的两胁及翼下覆羽均为橙色。雄鸟上体全灰色，喉灰色或偏白，胸灰色，腹中心及尾下覆羽白色。雌鸟上体褐色较重，颏、喉偏白色，胸皮黄色具黑色点斑。嘴黄色，脚肉色至粉褐色。地栖性，常见于林地、林缘灌丛、村寨和农田附近的小林内。

● 在广州地区为过境鸟或冬候鸟。康乐园有稳定的越冬和过境种群，常见于图书馆北侧小树林、游泳池等。

灰背鸫 *Turdus hortulorum*

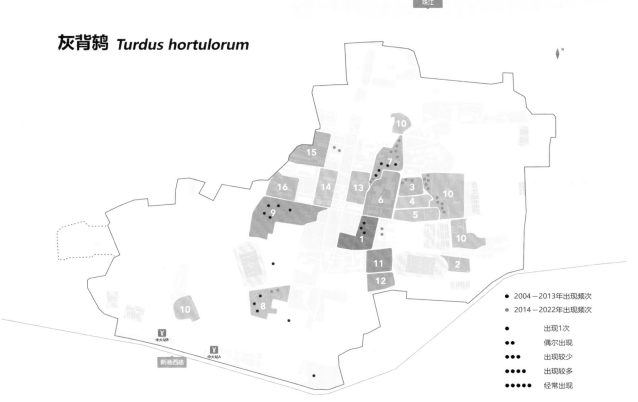

珠江

15
10
7
16 14 13 3
6   4   10
5
9
1   10
11 2
12
10
8

● 2004－2013年出现频次
● 2014－2022年出现频次

● 出现1次
●● 偶尔出现
●●● 出现较少
●●●● 出现较多
●●●●● 经常出现

中大站铁
新港西路   中大站A

乌灰鸫

Turdus cardis

雀形目 Passeriformes
鸫　科 Turdidae

● 全长约 21 cm。雄鸟上体灰黑色，头及胸部黑色，下体其余部位白色，腹部及两胁有黑色点斑。雌鸟上体灰褐色，下体白色，胸侧及两胁赤褐色，胸及两侧具黑色点斑。地栖性，常见于林地、林缘灌丛、村寨和农田附近的小林内。

● 在广州地区为过境鸟或冬候鸟。康乐园有越冬和过境记录，过去数量较灰背鸫和橙头地鸫要少，但近年数量显著增加,常见于图书馆北侧小树林、游泳池等。

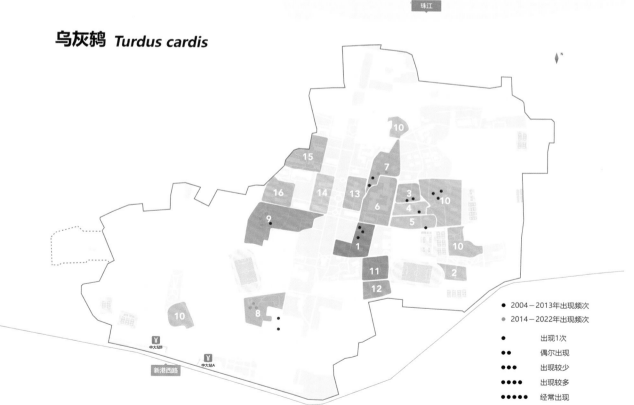

乌灰鸫 *Turdus cardis*

珠江

N

10

15

7

16 14 13 3

6 4 10

5

9

10

1

11 2

12

10 8

中大码头

中大站A

新港西路

● 2004—2013年出现频次
● 2014—2022年出现频次

● 　　出现1次
●● 　　偶尔出现
●●● 　　出现较少
●●●● 　　出现较多
●●●●● 　经常出现

乌鸫

Turdus mandarinus

雀形目 Passeriformes
鸫　科 Turdidae

● 全长约 29 cm。雄鸟全黑色，嘴及眼圈橘黄色。雌鸟似雄鸟，但嘴棕黄色，黄色眼圈不显。栖于疏林林缘、农田、平野、村镇、城市公园、绿地等生境。结群或单独活动。平时多栖于乔木上，繁殖期间常隐匿于高大乔木顶部枝叶丛中不停鸣叫。于地面取食昆虫、蚯蚓等，也食部分植物性食物。营巢于村寨附近、房前屋后和田园中乔木主干分枝处。

● 在广州地区为留鸟。为康乐园全年可见的常住鸟类，种群数量较大。

黑胸鸫

Turdus dissimilis

雀形目 Passeriformes
鸫　科 Turdidae

● 全长约 23 cm。雄鸟整个头、颈、胸、上背黑色，其余上体暗灰色，两胁棕红色，腹中央和臀部白色。雌鸟上体深橄榄色，颏、喉白色，具黑色细纹，上胸橄榄褐色，具黑色斑点；两胁棕红色，腹中央和臀部白色。嘴、脚蜡黄色。该鸟主要分布于云南、广西及贵州等地，近年在广州多地有拍摄记录。此外，在深圳排牙山、内伶仃岛等多地架设的红外相机亦拍摄到该鸟。

● 推测在广州地区为冬候鸟或过境鸟。康乐园有越冬和过境记录，但数量较少，较罕见。

珠江

黑胸鸫 *Turdus dissimilis*

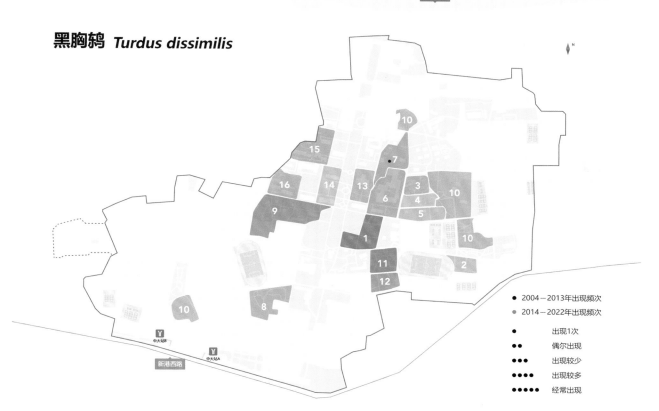

● 2004—2013年出现频次
● 2014—2022年出现频次

● 　　　　出现1次
●● 　　　偶尔出现
●●● 　　出现较少
●●●● 　出现较多
●●●●● 经常出现

白喉矶鸫

Monticola gularis

雀形目 Passeriformes
鹟　科 Muscicapidae

● 全长约 19 cm。雄鸟头顶和颈背蓝色，肩部有蓝色闪斑；头侧黑色，下体橙红色；喉块白色；有白色翼斑。雌鸟上体具黑色粗鳞状斑纹，喉白色，眼先色浅，耳羽近黑色。嘴灰黑色，脚浅肉色。

● 在广州地区为冬候鸟或过境鸟。2013 年 11 月第一次在康乐园记录到该鸟，此后又有多次记录，见于图书馆北侧小树林、图书馆东侧小平台和游泳池等。

珠江

白喉矶鸫 *Monticola gularis*

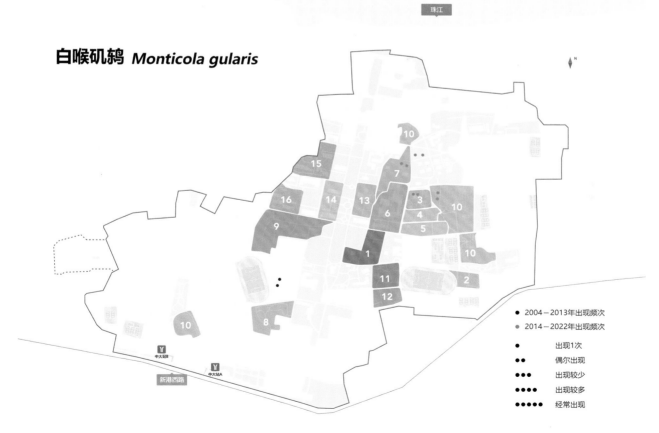

- ● 2004－2013年出现频次
- ● 2014－2022年出现频次

- ● 出现1次
- ●● 偶尔出现
- ●●● 出现较少
- ●●●● 出现较多
- ●●●●● 经常出现

白尾蓝地鸲

Cinclidum leucura

雀形目 Passeriformes
鹟　科 Muscicapidae

● 全长大约 18 cm。雄鸟通体蓝黑色，前额钴蓝色，喉及胸深蓝色，颈侧及胸部有白色点斑，常隐而不露。雌鸟褐色，眼周皮黄色，腹中部浅灰白色。雌雄鸟尾近黑色，除中央 1 对尾羽和最外侧 1 对尾羽基部无白斑外，其余尾羽基部具白斑。亚成鸟似雌鸟但多具棕色纵纹。嘴黑色，脚黑色。单独或成对活动，地栖性，多隐藏于林下灌丛中，于低枝上跳来跳去。

● 在广州地区为过境鸟，也可能是夏候鸟。康乐园几乎每年春季都有过境记录，较隐蔽，不易观察，见于图书馆北侧小树林、图书馆东侧小平台和游泳池等。

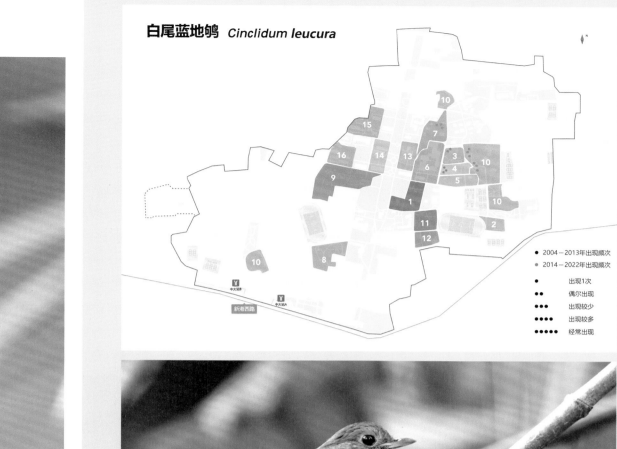

白尾蓝地鸲 *Cinclidum leucura*

- 2004－2013年出现频次
- 2014－2022年出现频次

- · 　出现1次
- ·· 　偶尔出现
- ··· 　出现较少
- ···· 　出现较多
- ····· 　经常出现

北红尾鸲

Phoenicurus auroreus

雀形目 Passeriformes
鹟　科 Muscicapidae

● 全长约 15 cm。雄鸟头顶至后枕银灰色，背部和翅膀黑色且有明显的白色翅斑，腰、尾上覆羽和尾棕红色，头侧、颈侧、额、喉和胸部为黑色，其余下体棕红色。雌鸟上体黄褐色，翅膀有白斑，尾羽棕红色。嘴黑色，脚灰黑色。成对或单个活动，尾常上下摆动，头亦点动，并伴有微弱而单调的叫声。

● 在广州地区为冬候鸟或过境鸟。迁徙季节有稳定的度冬群体过境康乐园，春秋及冬季常见，栖息于多种生境。

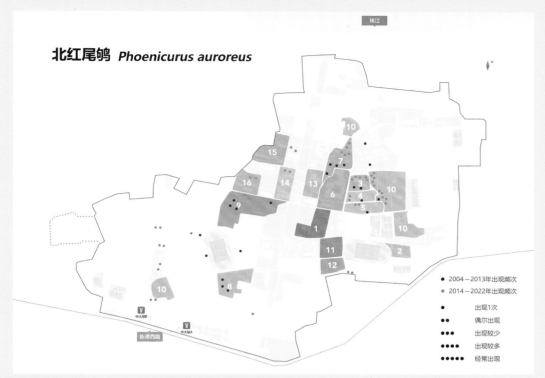

北红尾鸲 *Phoenicurus auroreus*

珠江

● 2004—2013年出现频次
● 2014—2022年出现频次

● 出现1次
●● 偶尔出现
●●● 出现较少
●●●● 出现较多
●●●●● 经常出现

红尾水鸲

Rhyacornis fuliginosus

雀形目 Passeriformes
鹟　科 Muscicapidae

● 全长约 14 cm。雄鸟通体灰蓝色，翅膀黑褐色，尾羽深红色。雌鸟上体灰褐色，有 2 道白色点状斑，腰白色，下体灰色并有白色鳞状斑。几乎总是栖息在溪流及河流生境，单独或成对活动，尾不停摆动。

● 在广州地区为不常见留鸟。近年有 1 次进入康乐园的游荡个体记录，记录在松园湖。

珠江

红尾水鸲 *Rhyacornis fuliginosus*

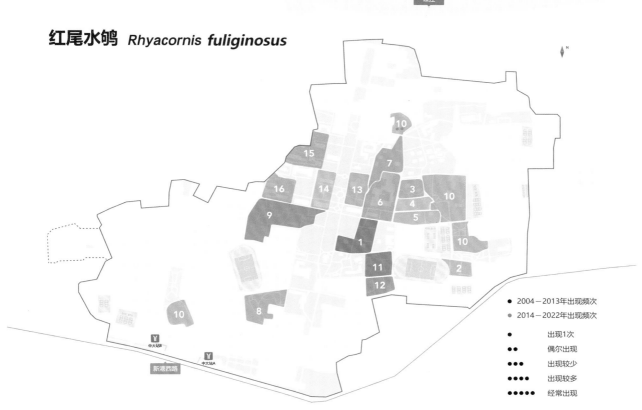

● 2004－2013年出现频次
● 2014－2022年出现频次

● 出现1次
●● 偶尔出现
●●● 出现较少
●●●● 出现较多
●●●●● 经常出现

日本歌鸲

Larvivora akahige

雀形目 Passeriformes
鹟　科 Muscicapidae

● 全长约 15 cm。上体红褐色，额、头侧、颏、喉及胸橘黄色或锈红色，尾锈红色。雄鸟在上胸和下胸间有一黑色横带，下胸和两胁灰色，具鳞状斑纹，腹至尾下覆羽白色；雌鸟似雄鸟但色较暗淡。嘴黑色，脚肉色。该鸟在华南地区并不常见。

● 在广州地区为过境鸟。迁徙季节偶尔过境康乐园，竹园、陈序经故居有零星记录。

日本歌鸲 *Larvivora akahige*

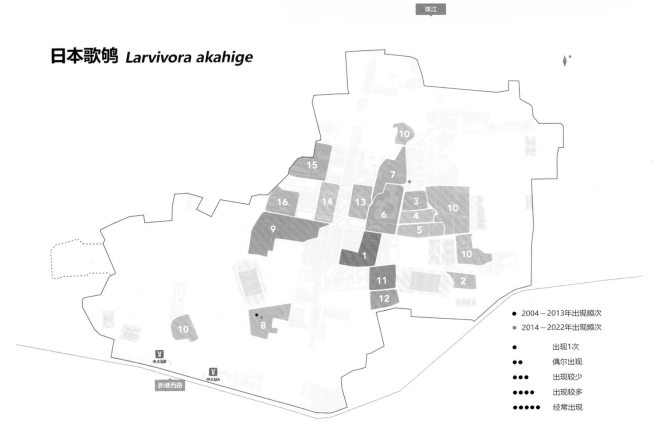

蓝歌鸲

Larvivora cyane

雀形目 Passeriformes
鹟　科 Muscicapidae

- 全长约 14 cm。雄鸟上体青石蓝色，黑色过眼纹较宽，延至颈侧和胸侧，颏、喉及下体白色。雌鸟上体橄榄褐色，喉及胸褐色并具皮黄色鳞状斑纹，腰及尾上覆羽沾蓝色。嘴黑色，脚粉色。地栖性，甚隐怯，多单独活动于林下灌丛中。站姿较平，驰走时尾常上下扭动。

- 在广州地区为过境鸟。迁徙季节稳定过境康乐园，春秋季节常见，见于图书馆北侧小树林、图书馆东侧小平台、园西区、智能交通中心等。

蓝歌鸲 *Larvivora cyane*

雀形目

169

红尾歌鸲

Larvivora sibilans

雀形目 Passeriformes
鹟　科 Muscicapidae

● 全长约 13 cm。上体橄榄褐色，眼先上方和眼圈浅色，尾及尾上覆羽红棕色。下体灰色，喉侧及胸部具白色鳞形纹。嘴黑色，脚肉色。多单独或成对在植被下层活动。性活跃，善藏匿。站姿略直，在地上走动时，常边走边将尾向上竖起。

● 在广州地区为过境鸟。迁徙季节大量过境康乐园，数量较大。

珠江

红尾歌鸲 *Larvivora sibilans*

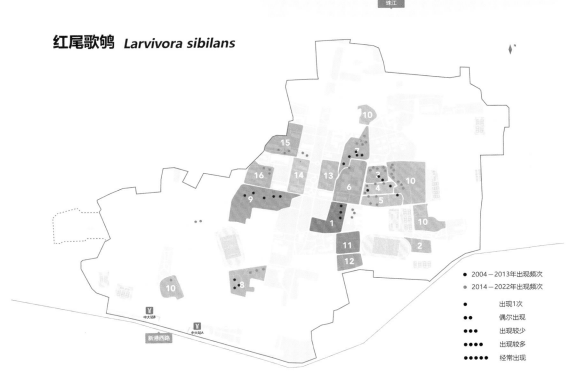

● 2004－2013年出现频次
● 2014－2022年出现频次

● 出现1次
●● 偶尔出现
●●● 出现较少
●●●● 出现较多
●●●●● 经常出现

红喉歌鸲

Calliope calliope

雀形目 Passeriformes
鹟 科 Muscicapidae

- 全长约 16 cm。脸具醒目的图案。上体褐色，两胁皮黄色，腹部稍白。成年雄鸟具清晰的白色眉纹和髭纹，颏、喉鲜红镶黑色侧缘。雌鸟颜色较暗淡，无红喉。嘴深褐色，脚粉褐色。典型的地栖鸟类，常在林下灌丛或地边草丛中的地面奔跑、跳跃。

- 在广州地区为过境鸟。迁徙季节偶尔过境康乐园，见于图书馆北侧小树林、保卫处、智能交通中心等。

红喉歌鸲 *Calliope calliope*

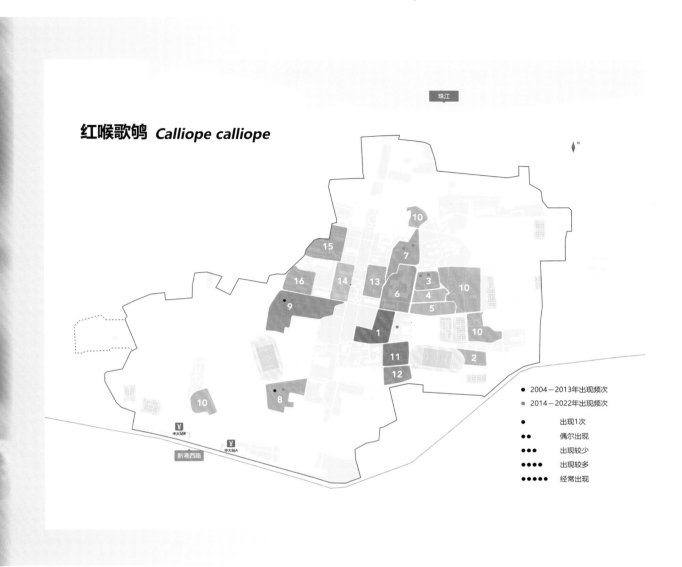

珠江

N

● 2004—2013年出现频次
● 2014—2022年出现频次

● 　　　出现1次
●● 　　偶尔出现
●●● 　出现较少
●●●● 出现较多
●●●●● 经常出现

中大站B
中大站A
新港西路

雀形目

173

红胁蓝尾鸲

Tarsiger cyanurus

雀形目 Passeriformes
鹟　科 Muscicapidae

● 全长约 15 cm。雌雄鸟都有橘黄色两胁，腹部和臀呈白色。雄鸟上体蓝色，眉纹白色，常不清楚；幼鸟及雌鸟褐色，尾蓝色。嘴黑色，脚灰色。多单独或成对活动于丘陵和平原开阔林地或园圃中，多在林下活动，停歇时尾常上下摆动。

● 在广州地区为冬候鸟。康乐园每年都有稳定的过境和越冬记录，较常见。

红胁蓝尾鸲 *Tarsiger cyanurus*

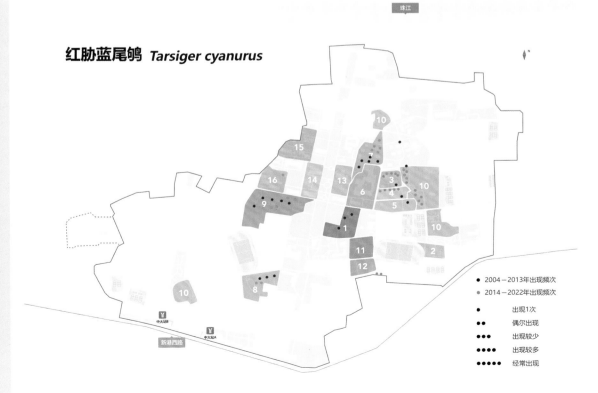

珠江

- ● 2004—2013年出现频次
- ● 2014—2022年出现频次

- ● 出现1次
- ●● 偶尔出现
- ●●● 出现较少
- ●●●● 出现较多
- ●●●●● 经常出现

紫啸鸫

Myophonus caeruleus

雀形目 Passeriformes
鹟　科 Muscicapidae

● 全长约 32 cm。通体蓝紫色而具金属光泽,头、颈、上背和胸具浅色闪光点斑。虹膜红褐色,嘴黄色或黑色,脚黑色。多栖息于山地、森林、溪流附近。

● 在广州地区为留鸟。康乐园有少量记录,秋冬常见。

紫啸鸫 *Myophonus caeruleus*

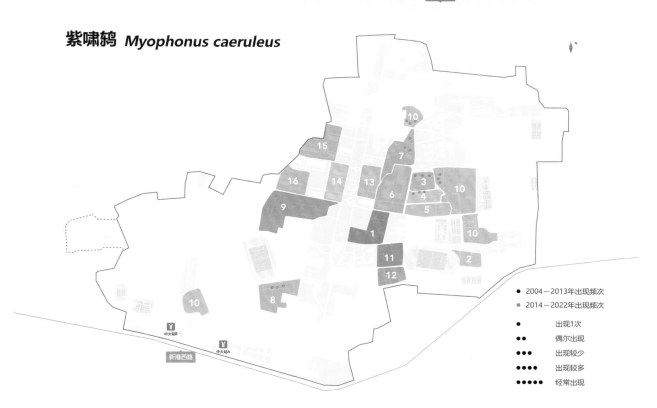

珠江

新港西路

● 2004—2013年出现频次
● 2014—2022年出现频次

●	出现1次
●●	偶尔出现
●●●	出现较少
●●●●	出现较多
●●●●●	经常出现

鹊鸲

Copsychus saularis

雀形目 Passeriformes
鹟　科 Muscicapidae

● 全长约 20 cm。雄鸟头、颈、胸及背黑色，黑色翼具白色翼斑，外侧尾羽、腹及臀白色。雌鸟似雄鸟，但暗灰色取代黑色。嘴及脚黑色。常单独或成对活动于村镇、城市等人类生活区域，常在垃圾堆或翻耕地里觅食，擅鸣唱，鸣声婉转多变。

● 在广州地区为留鸟。康乐园常住鸟类，种群数量较大。

白腰鹊鸲

Copsychus malabaricus

雀形目 Passeriformes
鹟　科 Muscicapidae

● 全长可达 27 cm，有长尾。雄鸟头、颈及背黑色，具蓝色光泽；两翼及中央尾羽黑色，腰及外侧尾羽白色，腹部深红色；雌鸟似雄鸟，雄鸟的黑色部分其以灰色取代。嘴黑色，脚浅红色。活动似鹊鸲，常在地面跳动或短距离飞行，擅鸣唱，鸣声婉转嘹亮。该鸟分布于西藏、云南和海南岛，国外广泛分布于东南亚和南亚。

● 在广州地区为逃逸鸟。康乐园有几次记录，可能是逃逸笼鸟或放生个体。

珠江

白腰鹊鸲 *Copsychus malabaricus*

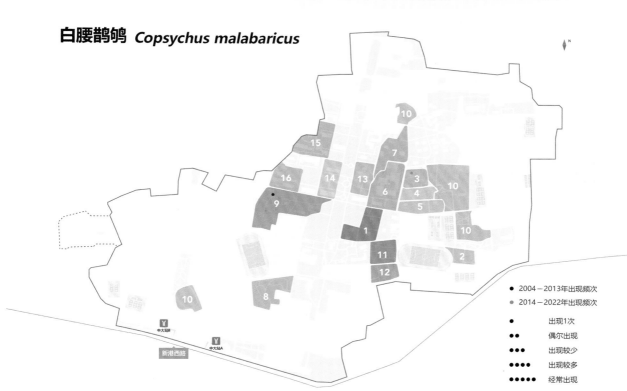

东亚石䳭

Saxicola stejnegeri

雀形目 Passeriformes
鹟　科 Muscicapidae

● 全长约 14 cm。雄鸟脸及喉黑色，头顶及背黑色且具棕色羽缘，颈侧具白色斑，翼黑色具白色翼斑和浅色羽缘，腰白色，胸及两胁棕色，尾羽黑色。雌鸟头褐色，眉纹浅色，上体有棕色纵纹，下体微带褐色。嘴黑色，脚近黑色。单只或成对活动。

● 在广州地区多为过境鸟。迁徙季节经常性过境康乐园，见于生命科学学院鱼塘、马丁堂南草地等。

东亚石䳭 *Saxicola stejnegeri*

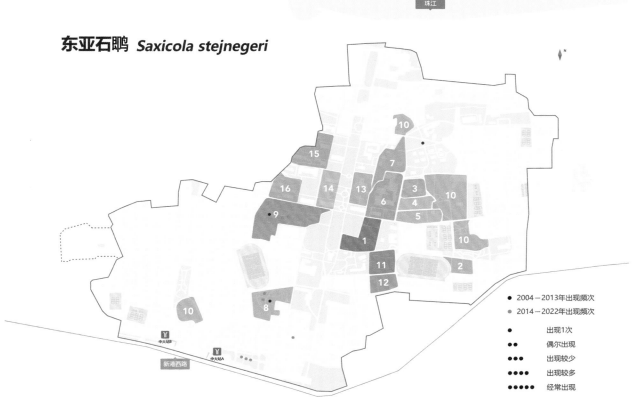

珠江

- 2004－2013年出现频次
- 2014－2022年出现频次

●	出现1次
●●	偶尔出现
●●●	出现较少
●●●●	出现较多
●●●●●	经常出现

佳木嘤鸣 康乐园鸟类鉴赏

白喉林鹟

Rhinomyias brunneatus

雀形目 Passeriformes
鹟　科 Muscicapidae

● 全长约 15 cm。上体橄榄褐色，眼圈皮黄色；颏、喉白色且略具深色斑纹，胸带浅棕色，腹部污白色。上嘴近黑色，下嘴黄色；脚粉红至橙黄色。常单独活动，性隐匿，多躲藏在森林下层灌丛和竹丛中活动和觅食。

● 在广州地区为过境鸟。康乐园每年都有过境记录，出现时间比较稳定，多见于图书馆北侧小树林、图书馆东侧小平台等。

184

白喉林鹟 *Rhinomyias* ***brunneatus***

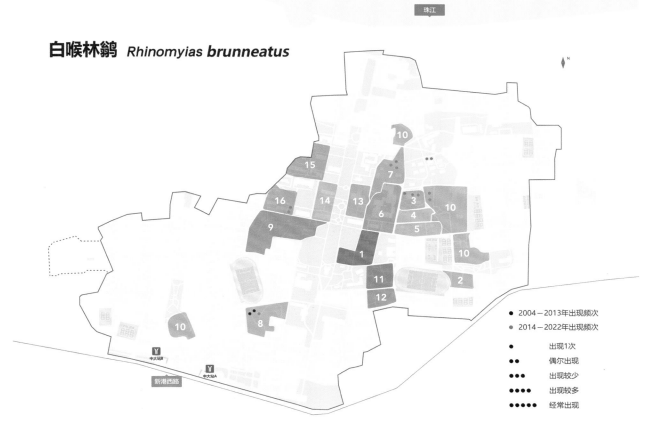

● 2004—2013年出现频次
● 2014—2022年出现频次

● 　　　出现1次
●● 　　偶尔出现
●●● 　出现较少
●●●● 出现较多
●●●●● 经常出现

棕尾褐鹟
Muscicapa ferruginea

雀形目 Passeriformes
鹟　科 Muscicapidae

● 全长约 13 cm。头深灰色，眼圈黄白色，喉白色，通常可见白色的半颈环；背和尾深棕色，腰棕红色，腹白色，两胁及尾下覆羽棕色。嘴黑色；脚肉色，略带黑灰色。

● 在广州地区为过境鸟。康乐园每年春秋都有稳定的过境记录，常见立于光枝或电线上，易于观察，见于八角亭、智能交通中心、园东湖、图书馆北侧小树林、图书馆东侧小平台和游泳池等。

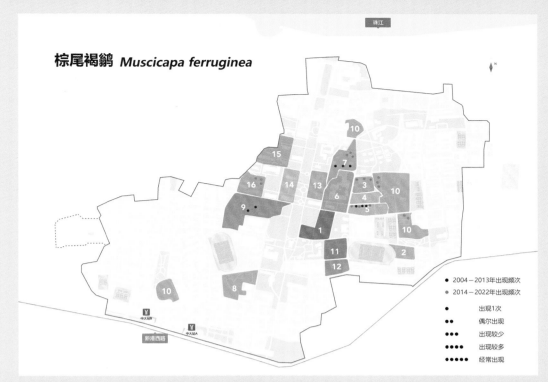

棕尾褐鹟 *Muscicapa ferruginea*

2004－2013年出现频次
2014－2022年出现频次

●	出现1次
●●	偶尔出现
●●●	出现较少
●●●●	出现较多
●●●●●	经常出现

褐胸鹟

Muscicapa muttui

雀形目 Passeriformes
鹟　科 Muscicapidae

● 全长约15 cm。头及上体浅褐色,具白色眼先及眼圈,深色的髭纹将白色的颊纹与白色颏及喉隔开,翼羽羽缘红棕色,腰和尾褐色较浓。下体污白色,胸带及两胁茶褐色。上嘴色深,下嘴黄色,尖端色深;脚粉红至橙黄色。单独或成对活动,性安静而隐蔽。常在树下部茂密的低枝上长时间不动,有昆虫飞过时,飞到空中捕食然后又飞回原处。

● 在广州地区为过境鸟。康乐园每年春秋有稳定的过境记录,见于八角亭、智能交通中心、园东湖、图书馆北侧小树林、图书馆东侧小平台和游泳池等。

褐胸鹟 *Muscicapa muttui*

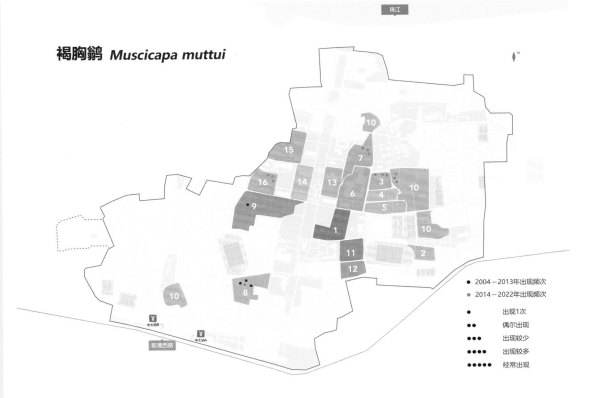

北灰鹟

Muscicapa dauurica

雀形目 Passeriformes
鹟　科 Muscicapidae

● 全长约 13 cm。上体灰色，下体偏白；眼圈白色，冬季眼先偏白；胸侧及两胁无纵纹。嘴较乌鹟长，翼尖延至尾的中部。一龄冬羽两翅有翼斑和浅色羽缘。嘴黑色，下嘴基黄色；脚黑色。常单独或成对活动，多停栖在树冠层中下部侧枝或枝杈上，飞起捕食空中的昆虫，后又回至停栖处，尾有独特的颤动动作。

● 在广州地区为冬候鸟或过境鸟。康乐园每年都有越冬和过境记录，数量多，是康乐园最常见鹟类之一。

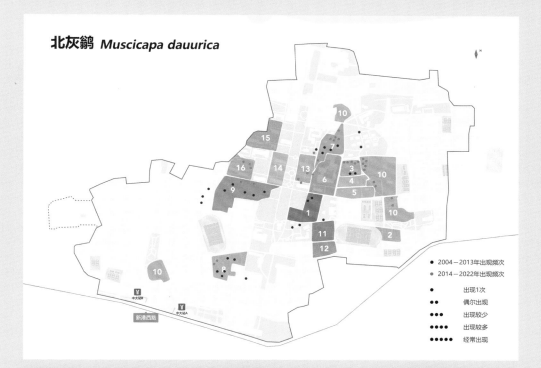

北灰鹟 *Muscicapa dauurica*

● 2004－2013年出现频次
● 2014－2022年出现频次

●　　　　出现1次
●●　　　偶尔出现
●●●　　出现较少
●●●●　出现较多
●●●●●　经常出现

灰纹鹟

Muscicapa griseisticta

雀形目 Passeriformes
鹟　科 Muscicapidae

● 全长约 14 cm。上体灰褐色，下体污白色，具明显条形排列的纵纹。翅较长，翅合拢时翼尖几达尾端。嘴黑色，脚黑色。

● 在广州地区为过境鸟。该鸟不常见，但迁徙季节经常性过境康乐园，见于八角亭、丰盛堂、图书馆北侧小树林、图书馆东侧小平台和游泳池等。

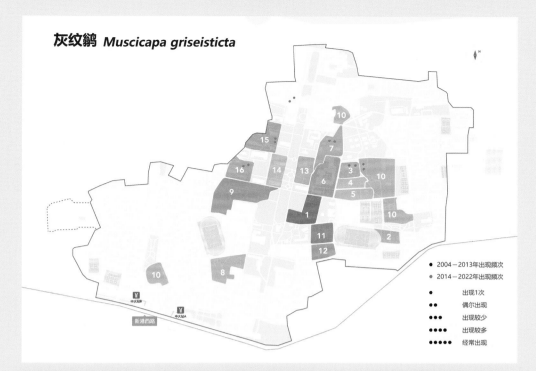

灰纹鹟 *Muscicapa griseisticta*

- 2004—2013年出现频次
- 2014—2022年出现频次

•	出现1次
••	偶尔出现
•••	出现较少
••••	出现较多
•••••	经常出现

乌鹟

Muscicapa sibirica

雀形目 Passeriformes
鹟　科 Muscicapidae

● 全长约 13 cm。头及上体深灰色,具白色眼圈和淡色眼先,喉白色,上胸及胸侧的乌灰色不规则斑纹延至腹侧,下腹和尾下覆羽白色。翼上具不明显皮黄色斑纹,翼长至尾的 2/3。嘴黑色,脚黑色。多单独活动,觅食于植被中上层,常立于突出的树枝上,冲出捕捉过往昆虫。

● 在广州地区为过境鸟。迁徙季节经常性过境康乐园。

乌鹟 *Muscicapa sibirica*

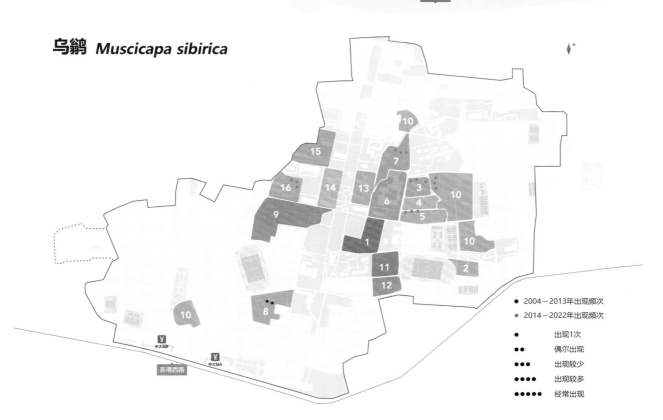

珠江

N

- 2004–2013年出现频次
- 2014–2022年出现频次

-      出现1次
- •   偶尔出现
- • • •   出现较少
- • • • • 出现较多
- • • • • • 经常出现

雀形目

195

鸲姬鹟

Ficedula mugimaki

雀形目 Passeriformes
鹟 科 Muscicapidae

● 全长约 13 cm。雄鸟上体及尾灰黑色，眼后上方有粗白色眉纹；翼上具明显的白斑，外侧尾羽基部白色；喉、胸及腹侧橘黄色；腹中心及尾下覆羽白色。未成年雄鸟上体灰褐色，翼斑不明显。雌鸟上体褐色，具 2 道翼斑，下体似雄鸟但色较淡，无尾基部白色。嘴暗色，脚深褐。常单独或成对活动，多在森林树冠层枝叶间活动。

● 在广州地区为冬候鸟或过境鸟。冬季和迁徙季节常见于康乐园。

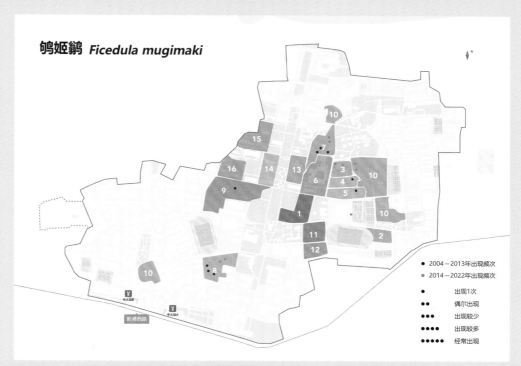

鸲姬鹟 *Ficedula mugimaki*

● 2004－2013年出现频次
● 2014－2022年出现频次

● 出现1次
●● 偶尔出现
●●● 出现较少
●●●● 出现较多
●●●●● 经常出现

白眉姬鹟

Ficedula zanthopygia

雀形目 Passeriformes
鹟　科 Muscicapidae

● 全长约 13 cm。雄鸟具白色眉纹和翼斑,腰、喉、胸及腹部鲜黄色,臀部、尾下覆羽白色,余部黑色;雌鸟上体灰褐色,下体浅黄色,腰暗黄色,两翼具明显白色翼斑。嘴黑色,脚黑色。常单独或成对活动,多在林冠层活动和觅食。

● 在广州地区为过境鸟。康乐园每年都有越冬和过境记录。

白眉姬鹟 *Ficedula zanthopygia*

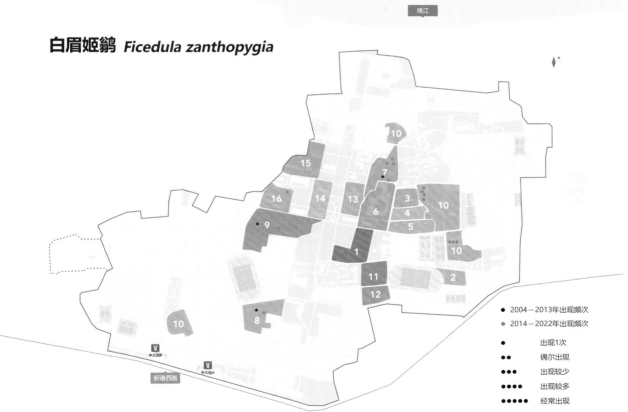

珠江

10

15

7

16 14 13 3 10

6 4

9 5

1 10

11 2

12

10

8

中大站B

新港西路 中大站A

● 2004－2013年出现频次
● 2014－2022年出现频次

● 出现1次
●● 偶尔出现
●●● 出现较少
●●●● 出现较多
●●●●● 经常出现

红喉姬鹟

Ficedula parva

雀形目 Passeriformes
鹟　科 Muscicapidae

● 全长约 13 cm。繁殖期雄鸟胸红色，沾灰色；雌鸟及非繁殖期雄鸟灰褐色，喉部近白色，有狭窄白色眼圈。尾及尾上覆羽黑色，基部外侧有明显白色斑。嘴黑色，脚黑色。常单独或成对活动，多在林冠下层近地面处活动觅食，不断发出独特叫声。

● 在广州地区为过境鸟。迁徙季节偶尔过境康乐园。

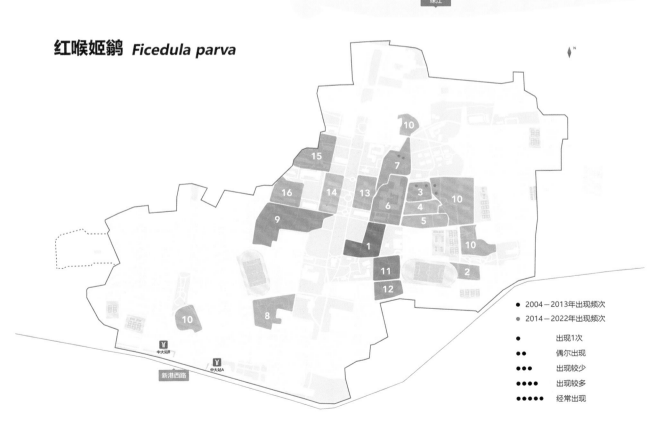

珠江

红喉姬鹟 *Ficedula parva*

N

● 2004—2013年出现频次
● 2014—2022年出现频次

● 　　出现1次
●● 　　偶尔出现
●●● 　　出现较少
●●●● 　　出现较多
●●●●● 经常出现

黄眉姬鹟

Ficedula narcissina

雀形目 Passeriformes
鹟　科 Muscicapidae

● 全长约 13 cm。成年雄鸟有醒目的明黄色眉纹,额、头顶、颈背、上背、肩羽、尾羽尾上覆羽黑色,翼近黑色具白色块状翼斑,腰部和颏、喉至胸橘黄色,腹至尾下覆羽由淡黄色转成纯白色。雌鸟无眉纹,有淡黄色眼圈;上体暗橄榄褐色,腰橄榄绿色,尾上覆羽染锈红色;翼和尾暗褐色,有红褐色羽缘;无黄色腰部和白色块状翼斑。嘴黑色,脚深色。多单独活动,于林冠中下层活动觅食。

● 在广州地区为过境鸟。康乐园最常见鹟类之一,迁徙季节稳定过境康乐园,每年3月底至4月下旬集中出现。

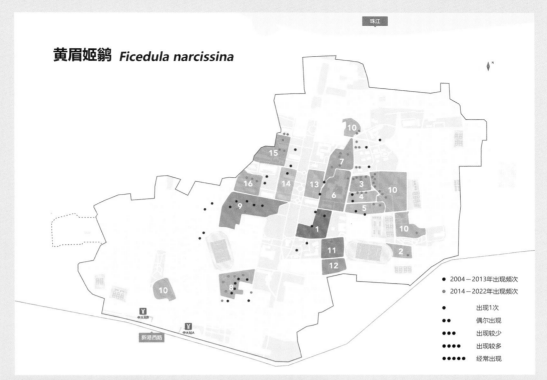

黄眉姬鹟 *Ficedula narcissina*

珠江

中大北门

中大码头 中大站A

新港西路

2004—2013年出现频次
2014—2022年出现频次

· 出现1次
·· 偶尔出现
··· 出现较少
···· 出现较多
····· 经常出现

琉球姬鹟

Ficedula owstoni

雀形目 Passeriformes
鹟　科 Muscicapidae

● 体形比黄眉姬鹟略小。成年雄鸟额、头顶、颈背和上背橄榄绿色，中覆羽和大覆羽羽缘浅黄色；眼圈不明显，眼先过眼至颈侧有1个三角形黑色斑，该斑在眼后部区域染绿色；黄色眉纹未及鼻孔；成鸟下体黄色，亚成鸟喉部琥珀黄色；尾羽全黑，尾上覆羽浅黄色。嘴和脚黑褐色。该鸟过去被认为主要分布于日本琉球群岛，是当地留鸟。

● 在广州地区为过境鸟。迁徙季节偶尔过境康乐园，2005年4月7日首次记录于康乐园的竹园，是我国大陆的第一次记录；2019年4月、2020年4月再次出现在竹园。

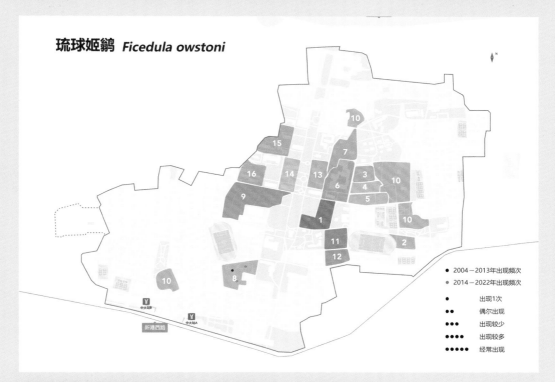

琉球姬鹟 *Ficedula owstoni*

绿背姬鹟

Ficedula elisae

雀形目 Passeriformes
鹟　科 Muscicapidae

● 全长约 13 cm。雄鸟头部及上体深橄榄绿色，眉纹明黄色，眼圈、腰部和下体亮黄色，翼近黑色具白色块状翼斑，尾深色；雌鸟上体暗橄榄绿色，眼圈淡黄色，下体浅黄色，尾或尾上覆羽染锈红色，无黄色腰部和白色块状翼斑。嘴黑色或黑褐色，脚深色。

● 在广州地区为过境鸟。康乐园每年 4 月中下旬均有过境记录。通常到达康乐园时间晚于黄眉姬鹟，数量也明显较其少。近年数量明显减少，见于竹园、图书馆北侧树林和东侧小平台。

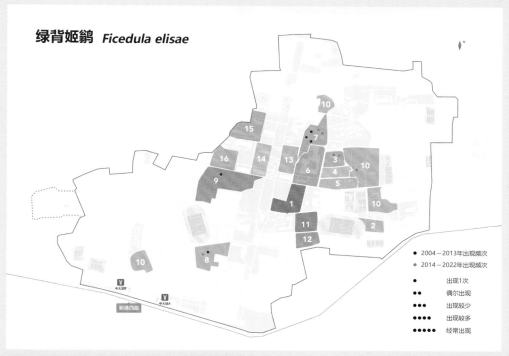

绿背姬鹟 *Ficedula elisae*

棕胸蓝姬鹟

Ficedula hyperythra

雀形目 Passeriformes
鹟　科 Muscicapidae

● 全长约 11 cm。雄鸟上体深灰蓝色，2 个白色短眉纹在前额几乎相接；飞羽褐色，初级飞羽羽缘淡橄榄褐色或红褐色，尾蓝黑色，外侧尾羽基部白色。喉、胸橙色，腹部和尾下覆羽白色。雌鸟前额、眉纹和眼周皮黄色，两翼和尾栗褐色，下体皮黄色沾灰色。嘴黑色，脚肉色。单独或成对活动，性胆怯，多在林下灌丛活动觅食。

● 在广州地区为迷鸟。2014 年 11 月中下旬出现在康乐园，停留近 2 周。

棕胸蓝姬鹟 *Ficedula hyperythra*

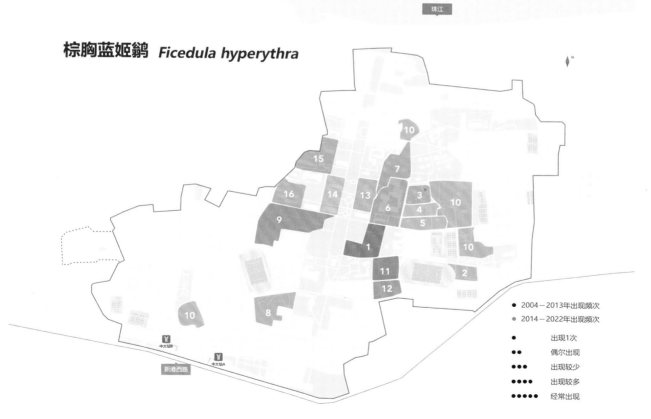

珠江

新港西路

2004—2013年出现频次
2014—2022年出现频次

● 出现1次
●● 偶尔出现
●●● 出现较少
●●●● 出现较多
●●●●● 经常出现

白腹蓝鹟

Cyanoptila cyanomelana

雀形目 Passeriformes
鹟 科 Muscicapidae

● 全长 15 cm。雄鸟脸、喉及上胸黑色，上体至尾钻蓝色，下胸、腹及尾下覆羽白色，与深色的胸截然分开；外侧尾羽基部白色。雌鸟上体灰褐色，两翼及尾褐色且肩部沾灰蓝色，喉中心及腹部白色。嘴及脚黑色。单独或成对活动，多在林冠层取食。

● 在广州地区为过境鸟。迁徙季节稳定过境康乐园。

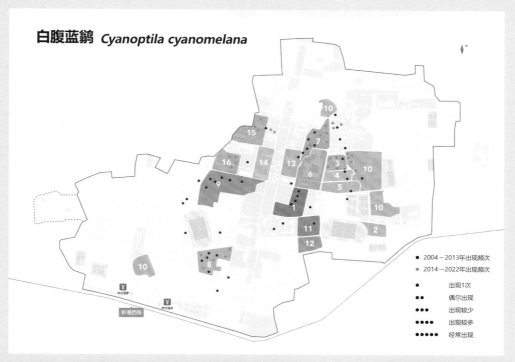

白腹蓝鹟 *Cyanoptila cyanomelana*

● 2004－2013年出现频次
● 2014－2022年出现频次

● 出现1次
●● 偶尔出现
●●● 出现较少
●●●● 出现较多
●●●●● 经常出现

海南蓝仙鹟

Cyornis hainanus

雀形目 Passeriformes
鹟　科 Muscicapidae

● 全长约 13 cm。雄鸟前额、眼上眉斑和肩羽亮钴蓝色，上体及尾、颏、喉、胸侧钴蓝色，两翼和尾末端深蓝色；胸中部和腹部污白色，常有深色杂斑；两胁灰黄色，尾下覆羽白色。雌鸟上体橄榄褐色，头顶和两侧沾灰色，眼圈皮黄色，两翼和尾栗褐色；喉、胸、前额及眉斑橙黄色，两胁灰棕色，其余下体污白色。嘴黑色，脚灰黑色。

● 在广州地区为夏候鸟或过境鸟。康乐园每年都有大量过境记录，夏季偶有繁殖个体。

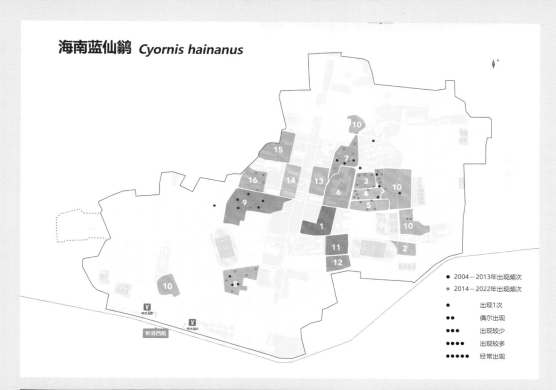

海南蓝仙鹟 *Cyornis hainanus*

- 2004－2013年出现频次
- 2014－2022年出现频次

- 出现1次
- 偶尔出现
- 出现较少
- 出现较多
- 经常出现

山蓝仙鹟

Cyornis whitei

雀形目 Passeriformes
鹟　科 Muscicapidae

- 全长约 15 cm。雄鸟上体钴蓝色，额及短眉纹亮钴蓝；眼先、眼周、颊及颏蓝黑色；喉、胸及两胁橙黄；腹白色。雌鸟上体褐色，眼圈皮黄色，下体似雄鸟但较淡。嘴黑色，脚肉色。

- 在广州地区为过境鸟。迁徙季节偶尔过境康乐园，有不稳定出现记录，见于图书馆北侧小树林、网络中心东侧。

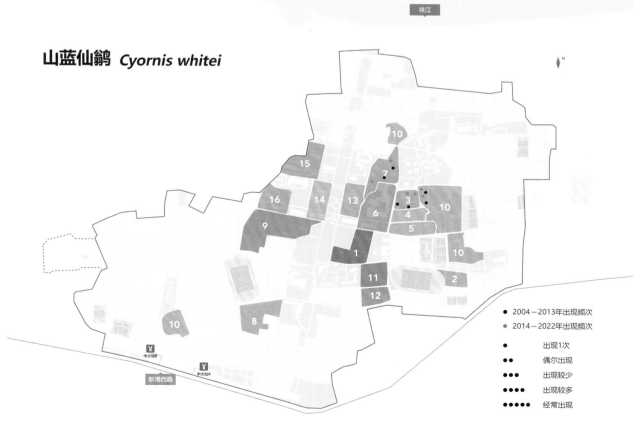

山蓝仙鹟 *Cyornis whitei*

珠江

N

10

15

7

16 14 13

3

6 10

4

5

9

1

10

11

2

12

10

8

● 2004—2013年出现频次
● 2014—2022年出现频次

● 出现1次
●● 偶尔出现
●●● 出现较少
●●●● 出现较多
●●●●● 经常出现

新港西路

棕腹大仙鹟

Niltava davidi

雀形目 Passeriformes
鹟　科 Muscicapidae

● 全长约18 cm。雄鸟上体、翅及尾深蓝色,前额基部、颊、耳羽、颏和喉蓝黑色,眉纹、头顶、颈侧斑块及腰亮钴蓝色;胸、腹橙黄色。雌鸟通体棕褐色,颈侧具闪辉蓝色斑块,翼及尾棕红色。嘴黑色,脚黑色。常单独或成对活动,频繁地在树枝间飞来飞去。

● 在广州地区为过境鸟。迁徙季节稳定过境康乐园,见于图书馆北侧小树林、图书馆东侧小树林、游泳池、园西湖等。

棕腹大仙鹟 *Niltava davidi*

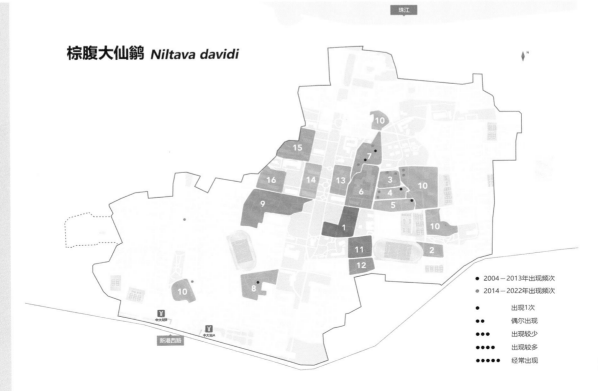

珠江

新港西路

● 2004－2013年出现频次
● 2014－2022年出现频次

● 　　　出现1次
●● 　　偶尔出现
●●● 　出现较少
●●●● 出现较多
●●●●● 经常出现

小仙鹟

Niltava macgrigoriae

雀形目 Passeriformes
鹟　科 Muscicapidae

● 全长 12 cm。雄鸟上体和尾深蓝色，前额基部、颊、额、喉蓝黑色，前额、颈侧斑块及腰亮钴蓝色；胸腹深蓝灰色，向后渐变为灰白色。雌鸟通体棕褐色，颈侧具亮钴蓝色斑块，翼及尾棕红色。嘴黑色，脚黑色。常单独或成对活动于林下灌丛和山边疏林中。

● 在广州地区为留鸟。春季康乐园偶有记录，见于图书馆北侧小树林和东侧小树林等。

小仙鹟 *Niltava macgrigoriae*

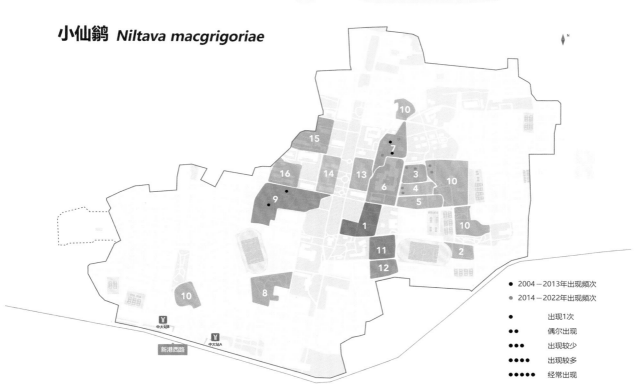

珠江

新港西路

● 2004—2013年出现频次

● 2014—2022年出现频次

● 出现1次

●● 偶尔出现

●●● 出现较少

●●●● 出现较多

●●●●● 经常出现

雀形目

219

铜蓝鹟

Eumyias thalassina

雀形目 Passeriformes
鹟　科 Muscicapidae

- 全长 14 cm。雄鸟通体淡蓝色，眼先黑色，尾下覆羽具白色端斑。雌鸟似雄鸟，颜色较淡，眼先暗黑色，下体浅灰蓝色，额近灰白色。嘴黑色，脚近黑。常单独或成对活动，多在高大乔木冠层，也到林下灌木和小树上活动。

- 在广州地区为过境鸟。迁徙季节经常性过境康乐园。

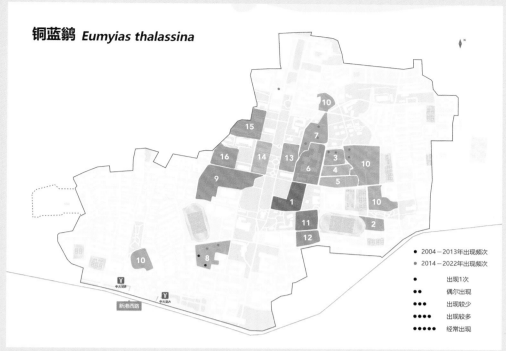

铜蓝鹟 *Eumyias thalassina*

2004－2013年出现频次
2014－2022年出现频次

● 出现1次
●● 偶尔出现
●●● 出现较少
●●●● 出现较多
●●●●● 经常出现

住木嘤鸣　康乐园鸟类鉴赏

方尾鹟

Culicicapa ceylonensis

雀形目 Passeriformes
仙莺科 Stenostiridae

● 全长 12 cm。雌雄体色相似，头、颈至上胸灰色，略具羽冠和浅色眼圈，背、两翼和尾上覆羽橄榄绿色，腹部和尾下覆羽黄色，尾黑灰色。嘴上嘴黑色，下嘴浅色；脚黄褐色。常单独或成对活动，也常与其他鸟混群。活动于森林的底层或中层，性喧闹活跃，鸣声婉转响亮。

● 在广州地区为过境鸟。迁徙季节经常性过境康乐园，春季数量较少但稳定可见，近年网络中心南侧、图书馆东侧小平台有零星记录。

方尾鹟 *Culicicapa ceylonensis*

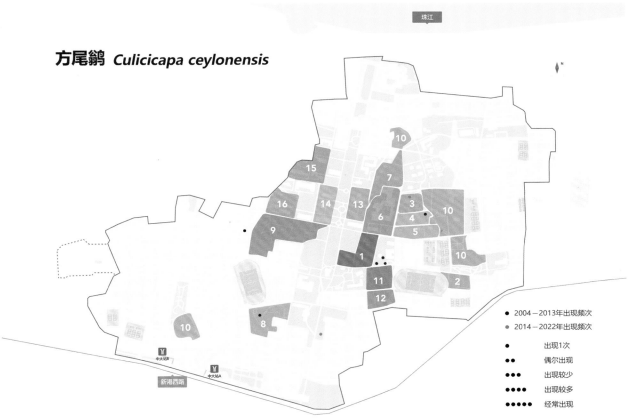

● 2004-2013年出现频次
● 2014-2022年出现频次

●   出现1次
●●   偶尔出现
●●●   出现较少
●●●●   出现较多
●●●●● 经常出现

黑枕王鹟

Hypothymis azurea

雀形目 Passeriformes
王鹟科 Monarchinae

● 全长 15 cm。雄鸟通体、两翼和尾几乎全为蓝色，头顶亮蓝色，额基黑色，枕有一黑色块斑，颈基部具一半月形黑色围领，腹部和尾下覆羽白色。雌鸟头颈深灰蓝色，上背和飞羽灰棕色；枕无黑斑，亦无黑色围领。嘴蓝黑色，脚铅蓝色。常单独活动，行动敏捷，在树枝和灌丛间来回飞行，不时停息于树枝或灌木顶端。

● 在广州地区为过境鸟。迁徙季节稳定过境康乐园。

黑枕王鹟 *Hypothymis azurea*

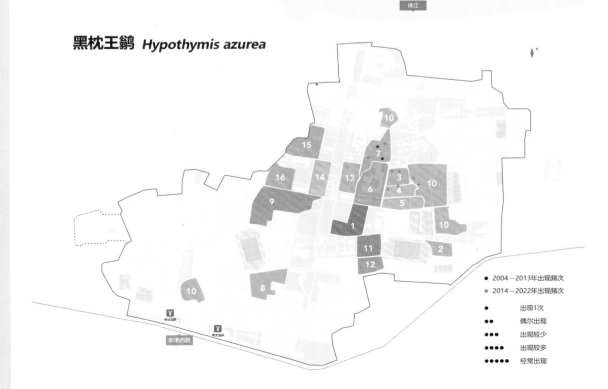

寿带

Terpsiphone paradisi

雀形目 Passeriformes
王鹟科 Monarchinae

● 全长约 22 cm（未计延长尾羽）。有 2 种色型，分别为棕色和白色。棕色型雄鸟头蓝黑色，具辉蓝色光泽，具明显羽冠，眼圈蓝色，喙亦蓝色；上体及尾栗红色，喉部与胸部羽毛颜色有明显界限，胸至两胁灰蓝色，下腹及尾下覆羽白色，繁殖期中央尾羽延长 20～30 cm。雌鸟棕色，头部染褐色，缺少光泽，尾不延长。非繁殖期雄鸟和亚成鸟似雌鸟，中央尾羽不延长，眼圈和喙的蓝色不明显，喉胸颜色的界限也不分明。常单独或成对活动，活动在森林中下层茂密的树枝间。

● 在广州地区为过境鸟。迁徙季节稳定过境康乐园，以棕色型为主，偶见白色型。

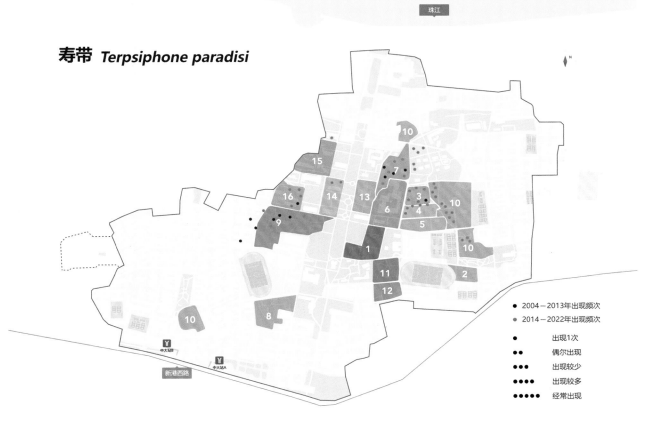

寿带 *Terpsiphone paradisi*

珠江

- ● 2004－2013年出现频次
- ● 2014－2022年出现频次

- ● 出现1次
- ●● 偶尔出现
- ●●● 出现较少
- ●●●● 出现较多
- ●●●●● 经常出现

紫寿带

Terpsiphone atrocaudata

雀形目 Passeriformes
王鹟科 Monarchinae

● 全长约 20 cm（未计延长尾羽）。雌雄都有小型
羽冠。雄鸟头、颈、胸部蓝黑色，眼圈蓝色，喙
亦蓝色；背、肩深紫红色；翼及尾灰黑色，三级
飞羽有紫红色羽缘，2 枚中央尾羽明显延长；腹
及尾下覆羽白色。雌鸟似雄鸟，背和尾暗褐色，
尾不延长。亦有繁殖期雄鸟中央尾羽不延长
者，但较少见。嘴蓝色，脚、趾铅黑色。常单独
或成对活动。活动在森林中下层茂密的树枝间。

● 在广州地区为过境鸟。迁徙季节稳定过境康
乐园。

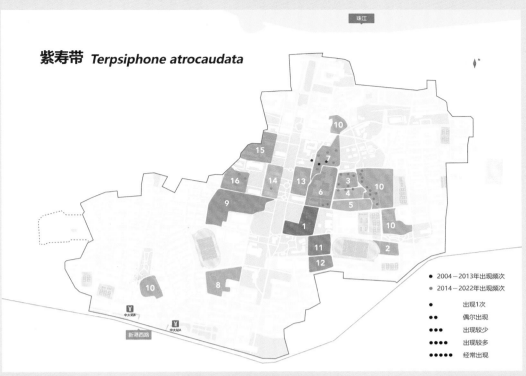

紫寿带 *Terpsiphone atrocaudata*

珠江

- 2004－2013年出现频次
- 2014－2022年出现频次

•	出现1次
••	偶尔出现
•••	出现较少
••••	出现较多
•••••	经常出现

纯色鹪莺

Prinia inornata

雀形目 Passeriformes
扇尾莺科 Cisticolidae

- 全长约 14 cm。夏羽上体灰褐色，头顶羽色较深，额沾棕色，具一短的棕白色眉纹；下体淡皮黄色至偏红色；尾长，凸形，外侧尾羽依次向中央尾羽明显缩短，尾羽灰褐色，具不明显的黑色亚端斑和白色端斑。冬羽羽色浅而平淡，尾更长。嘴近黑，脚粉红。常活动于灌木下部和草丛中，跳跃觅食，尾时常竖起，飞行较慢，呈波浪式，边飞边叫。

- 在广州地区为留鸟。康乐园全年可见，有繁殖小群，常见于竹园，近年数量锐减。

纯色鹪莺 *Prinia inornata*

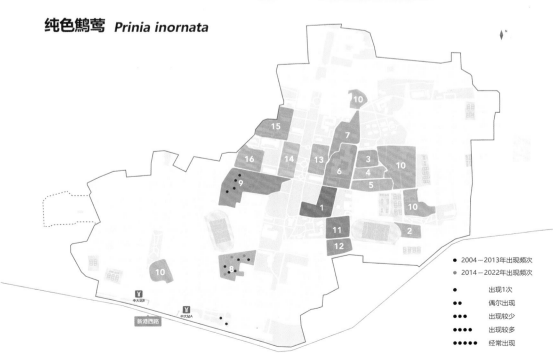

珠江

2004－2013年出现频次
2014－2022年出现频次

出现1次
偶尔出现
出现较少
出现较多
经常出现

黄腹山鹪莺

Prinia flaviventris

雀形目 Passeriformes
扇尾莺科 Cisticolidae

● 繁殖羽头顶和头侧暗石板灰色，眉纹短，仅由嘴基延至眼中部，上体橄榄褐色，喉白色，胸及腹部黄色，尾较长。冬羽颜色稍浅，尾较夏羽更长。

● 在广州地区为留鸟。康乐园全年可见，有繁殖小群，常见于竹园，近年数量锐减。

黄腹山鹪莺 *Prinia flaviventris*

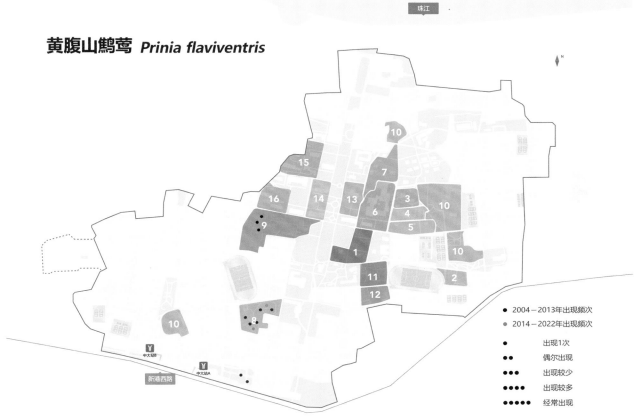

珠江

- 2004－2013年出现频次
- 2014－2022年出现频次

●	出现1次
●●	偶尔出现
●●●	出现较少
●●●●	出现较多
●●●●●	经常出现

长尾缝叶莺

Orthotomus sutorius

雀形目 Passeriformes
扇尾莺科 Cisticolidae

● 全长约12 cm。头顶棕红色,后枕灰色,背部和两翼橄榄绿色,下体白而两胁灰色。尾长,中央1对尾羽在繁殖期间尤为延长。嘴细长,上嘴褐色,下嘴偏粉色;脚粉红色。

● 在广州地区为留鸟。康乐园常住鸟类,种群数量较大,见于康乐园各类生境,无明显选择偏好。

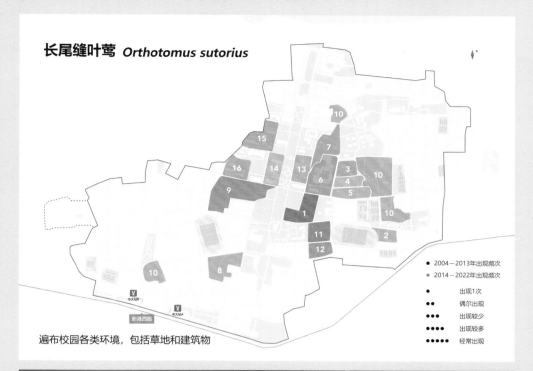

长尾缝叶莺 *Orthotomus sutorius*

●	2004 — 2013年出现频次
●	2014 — 2022年出现频次
●	出现1次
●●	偶尔出现
●●●	出现较少
●●●●	出现较多
●●●●●	经常出现

遍布校园各类环境，包括草地和建筑物

金头缝叶莺

Phyllergates cuculatus

雀形目 Passeriformes
树莺科 Scotocercidae

● 全长约 12 cm。雌雄羽色相似。前额和头顶栗色或金橙色，眼上有一短而窄的黄色眉纹。贯眼纹黑色，眼后较白，头侧、枕、后颈和颈侧暗灰色。背、肩橄榄绿色，腰和尾上覆羽黄色或橄榄黄色，尾羽褐色。翅上覆羽橄榄绿色，飞羽褐色。颏、喉、胸白色或淡灰白色，下体鲜黄色。活动于林冠中下层和灌木层。

● 在广州地区为留鸟。康乐园春季常见，偶见于东区茂密林丛、竹园。

金头缝叶莺 *Phyllergates cuculatus*

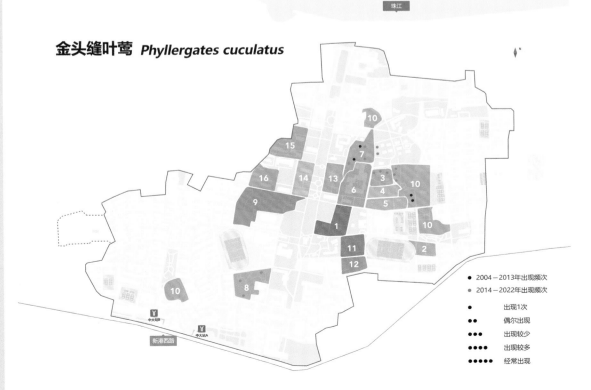

● 2004－2013年出现频次
● 2014－2022年出现频次

● 　　　　出现1次
●● 　　　　偶尔出现
●●● 　　　出现较少
●●●● 　　出现较多
●●●●● 　经常出现

鳞头树莺

Urosphena squameiceps

雀形目 Passeriformes
树莺科 Scotocercidae

● 体小，尾极短，全长约 10 cm。头顶具鳞状斑纹；上体棕褐色，乳黄色眉纹和其下的深色贯眼纹较长，延伸至枕部；下体近白，两胁及臀皮黄色。上嘴褐色，下嘴肉色；脚粉红色。常单独或成对活动于林下地面或近地面处。

● 在广州地区为过境鸟。迁徙季节稳定过境康乐园，见于模范村、竹园、图书馆北侧树林等地。

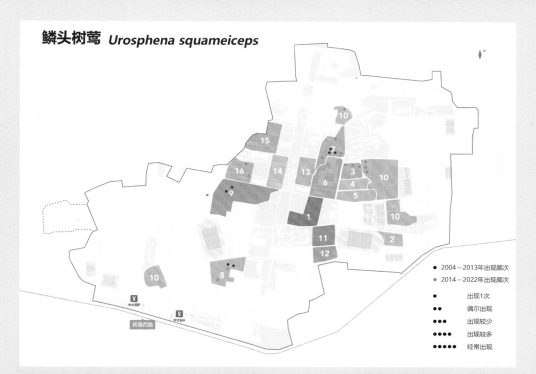

鳞头树莺 *Urosphena squameiceps*

15
10
16   14   13   1
9   6
4   5   3   10
1   10
11   2
12
8   10

● 2004—2013年出现频次
● 2014—2022年出现频次

●   出现1次
●●   偶尔出现
●●●   出现较少
●●●●   出现较多
●●●●●   经常出现

中大北门
中大站A
新港西路

强脚树莺

Horornis fortipes

雀形目 Passeriformes
树莺科 Scotocercidae

- 全长约 12 cm。上体橄榄褐色，乳白色眉纹略显模糊，下体偏白而染褐黄色，尤其是胸侧、两胁及尾下覆羽。上嘴深褐，下嘴黄色；脚肉色。常单独或成对活动，性胆怯，善藏匿，通常只闻其声但难见其面。

- 在广州地区为留鸟。冬春季偶有游荡个体进入康乐园，2008 年 4 月 5 日在模范村灌丛中记录到 2 只。

强脚树莺 *Horornis fortipes*

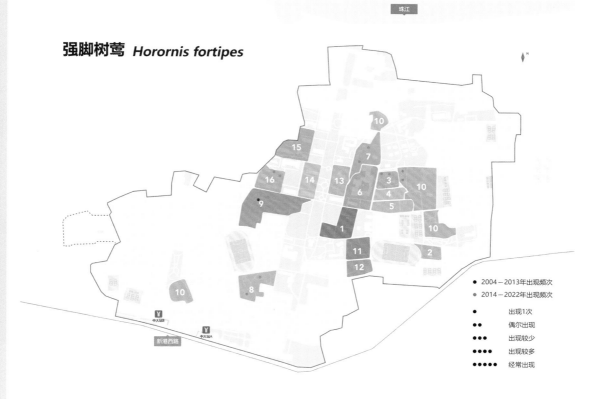

远东树莺

Horornis canturians

雀形目 Passeriformes
树莺科 Scotocercidae

● 体形较大的树莺，全长约 15 cm。上体棕褐色，头顶红棕色，眉纹乳白色，过眼纹褐色，颊部颜色稍浅；下体皮黄色较少，喉白色，胸侧、两胁和尾下覆羽染皮黄色。上嘴褐色，下嘴肉色；脚粉灰色。常单个或成对隐匿在浓密的灌丛中活动。

● 在广州地区为过境鸟。康乐园有多次过境记录，见于竹园和改造前的模范村灌丛。

珠江

远东树莺 *Horornis canturians*

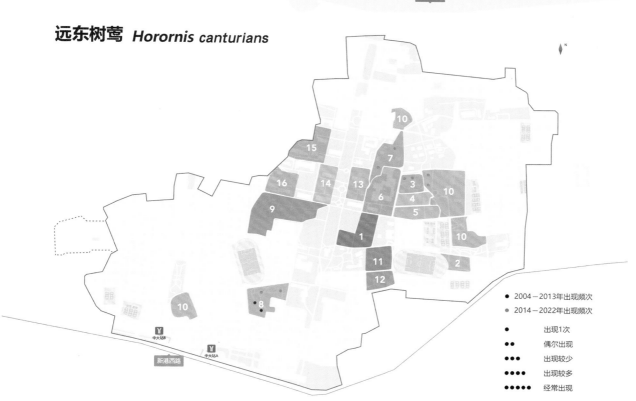

● 2004－2013年出现频次
● 2014－2022年出现频次

● 　　　出现1次
●● 　　偶尔出现
●●● 　出现较少
●●●● 出现较多
●●●●● 经常出现

中大站B
新港西路　中大站A

雀形目

243

棕脸鹟莺

Seicercus albogularis

雀形目 Passeriformes
树莺科 Scotocercidae

● 全长约 10 cm。前额连同头侧栗红色，有黑色侧冠纹，侧冠纹之间的头顶部黄绿色，与上体黄绿色相连；下体白色，喉部黑色，胸部和臀部染黄色。嘴深灰色，脚粉褐色。多栖息于阔叶林和竹林中，冬季常与其他小鸟混群。鸣声单调清脆易识别。

● 在广州地区为留鸟。康乐园偶有记录，见于马岗顶和竹园。

棕脸鹟莺 *Seicercus albogularis*

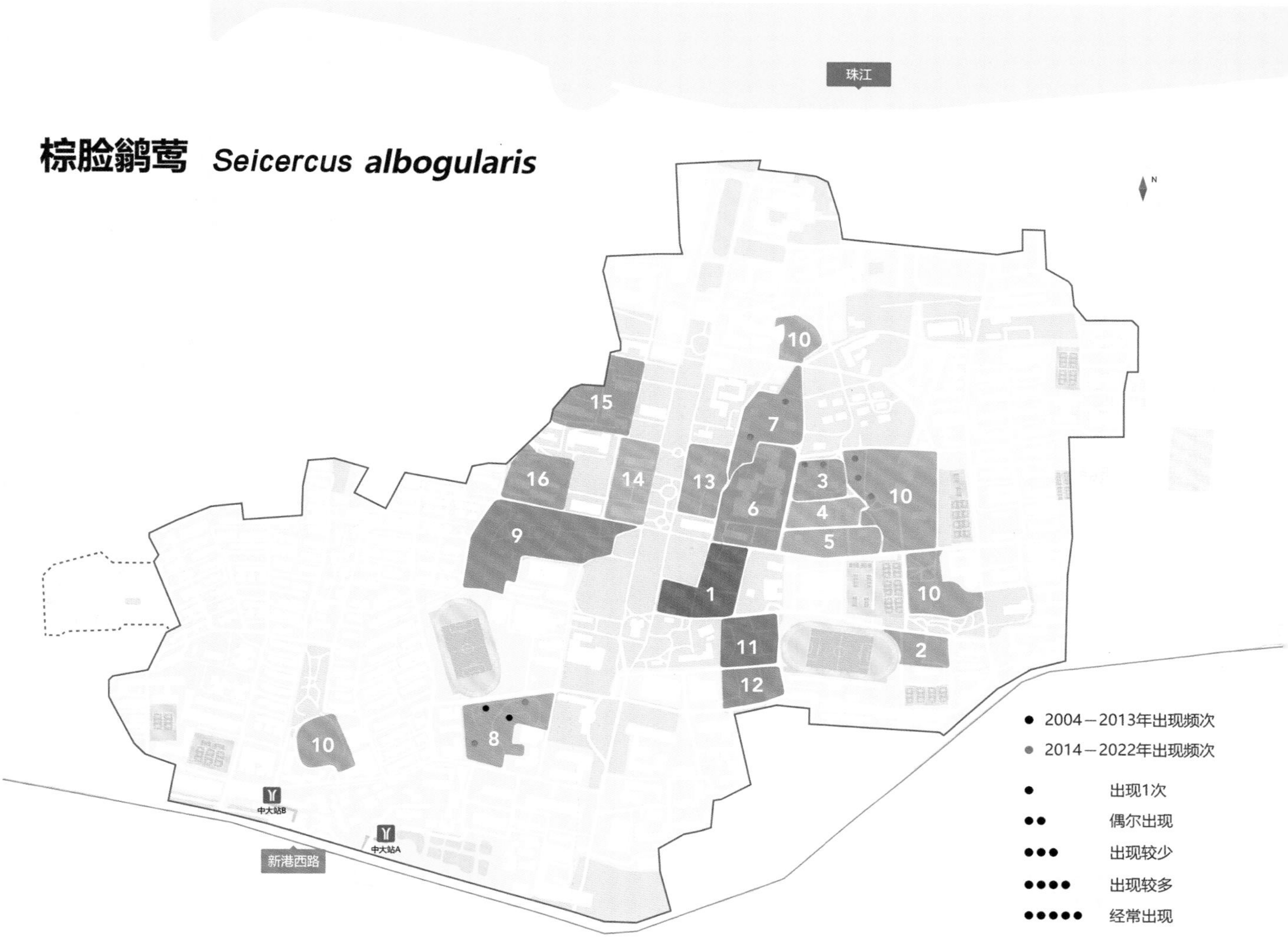

珠江

新港西路

中大站A
中大站B

N

- ● 2004－2013年出现频次
- ● 2014－2022年出现频次

- ● 出现1次
- ●● 偶尔出现
- ●●● 出现较少
- ●●●● 出现较多
- ●●●●● 经常出现

华南冠纹柳莺

Phylloscopus goodsoni

雀形目 Passeriformes
柳莺科 Phylloscopidae

● 全长约 10.5 cm。上体鲜橄榄绿色，下体白色，胸部及两胁染黄；黄色顶冠纹在后方更宽阔明显，眉纹鲜黄色；具 2 道黄色翼斑，三级飞羽无浅色羽缘。嘴橘黄色，脚肉色。繁殖期栖息于山地森林和林缘灌丛地带，秋冬季可下到低山和平原地带。常单独或成对活动，常在树干上觅食，双翅轮番鼓动。

● 在广州地区为夏候鸟。过去在康乐园春季较常见，于高大乔木上活动觅食。

华南冠纹柳莺 *Phylloscopus goodsoni*

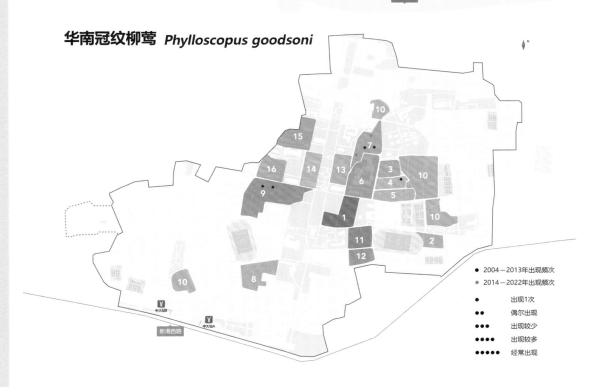

褐柳莺
Phylloscopus fuscatus

雀形目 Passeriformes
柳莺科 Phylloscopidae

● 全长约 11 cm。上体深灰褐色,无顶冠纹及翅斑,眉纹在眼前方为白色,眼后方为皮黄色,有深色过眼纹;下体浅褐色,喉至胸部污白色。上嘴黑褐色,下嘴基黄色;脚褐色。在华南地区为冬候鸟,常单独在林下、林缘和溪边灌丛与草丛活动,较隐蔽,不断发出重复的单音叫声。

● 在广州地区为过境鸟。康乐园常有越冬或过境个体,多见于竹园和改造前的模范村、生命科学学院实验鱼塘等地。

珠江

褐柳莺 *Phylloscopus fuscatus*

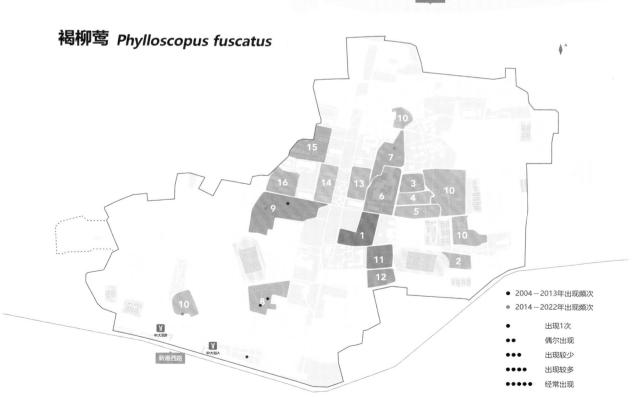

N

10

15

7

16　14　13　3

6　4　10

9　　　5

1

10

11

2

12

10

8

● 2004－2013年出现频次
● 2014－2022年出现频次

● 出现1次
●● 偶尔出现
●●● 出现较少
●●●● 出现较多
●●●●● 经常出现

Y 中大码头

Y 中大站A

新港西路

棕眉柳莺

Phylloscopus armandii

雀形目 Passeriformes
柳莺科 Phylloscopidae

● 全长约 12 cm。上体橄榄褐色，额羽松散沾棕色，头顶略深，无顶冠纹，亦无翅斑，眉纹棕白色，长而显著，过眼纹黑褐色，自眼先经眼向后一直延伸至耳覆羽上缘，脸侧具深色杂斑。两翅和尾暗褐色，外翈羽缘棕褐色。下体黄白色，具不显著黄色纵纹。嘴黑褐色，下嘴较淡，基部黄褐色；脚黄褐色，染粉红。

● 在华南地区为冬候鸟。2018 年 11 月 4 日在康乐园八角亭有 1 次记录，是该鸟在广东省的新分布纪录。

棕眉柳莺 *Phylloscopus armandii*

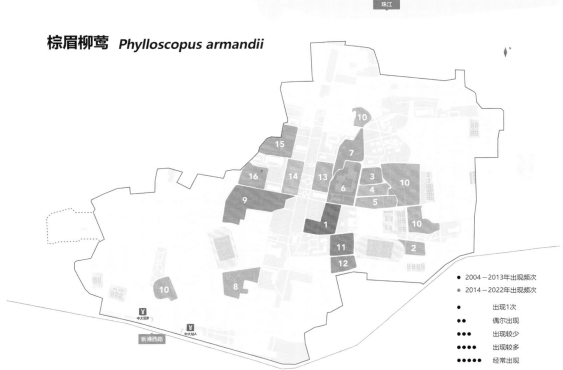

巨嘴柳莺

Phylloscopus schwarzi

雀形目 Passeriformes
柳莺科 Phylloscopidae

● 全长约12 cm。头较大，嘴厚重，脚也粗壮。宽阔的长眉纹于眼前为皮黄色，眼后成乳白色，过眼纹深褐色；上体深橄榄褐色；下体污白色，喉近白色，胸及两胁沾皮黄色；尾下覆羽浅橘黄色；上嘴褐色，下嘴基部黄褐色；脚黄褐色。常单独或成对活动于下层灌木丛和草丛中。该鸟在华南地区不甚常见。

● 在广州地区为过境鸟。康乐园有多次秋季过境记录。

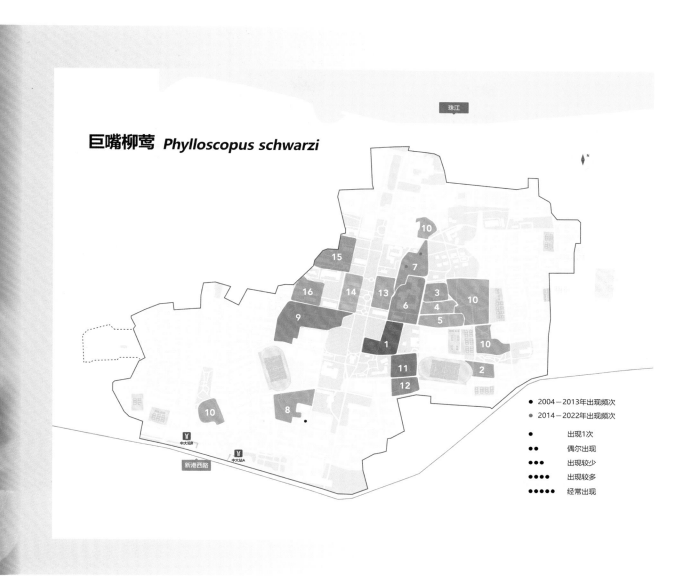

巨嘴柳莺 *Phylloscopus schwarzi*

珠江

N

2004—2013年出现频次
2014—2022年出现频次

● 出现1次
●● 偶尔出现
●●● 出现较少
●●●● 出现较多
●●●●● 经常出现

新港西路
中大站B
中大站A

黄眉柳莺

Phylloscopus inornatus

雀形目 Passeriformes
柳莺科 Phylloscopidae

● 全长约 9 cm。上体橄榄绿色，下体偏白色。眉纹长，几延至颈背，在眼先为黄色，眼后为白色；黑色过眼纹较模糊；顶冠纹模糊，几乎不可见。三级飞羽黑色，具白色羽缘，通常具 2 道翼斑，后一道较宽并具黑色边缘。上嘴深灰色，下嘴基黄色；脚褐色。迁徙期间和冬季出现于各种生境。

● 在广州地区以过境鸟为主。康乐园比较常见，少量冬候鸟迁徙季节稳定出现在康乐园。

黄腰柳莺

Phylloscopus proregulus

雀形目 Passeriformes
柳莺科 Phylloscopidae

● 全长约 9 cm。上体橄榄绿色,具柠檬黄色的粗眉纹和浅黄色顶冠纹;腰柠檬黄色,具 2 道黄色翼斑,三级飞羽羽缘浅色;下体灰白色,尾下覆羽沾浅黄色。嘴黑色,嘴基橙黄色;脚灰褐色。迁徙季和冬季出现于各种生境。

● 在广州地区为冬候鸟和过境鸟,冬季和迁徙季节都有大量个体出现在康乐园。

257

淡脚柳莺

Phylloscopus tenellipes

雀形目 Passeriformes
柳莺科 Phylloscopidae

● 全长约 11 cm。上体暗橄榄绿色，头顶灰色，下体污白色；无顶冠纹，至少具 1 道浅色翼斑，但有时因磨损而变得模糊。嘴褐色，脚肉色。迁徙季及冬季见于低地有林生境。

● 在广州地区为过境鸟。康乐园比较常见，迁徙季节稳定过境康乐园。

258

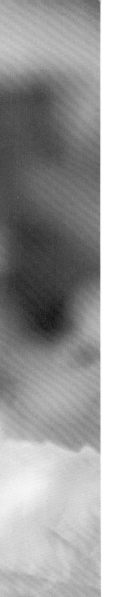

淡脚柳莺 *Phylloscopus tenellipes*

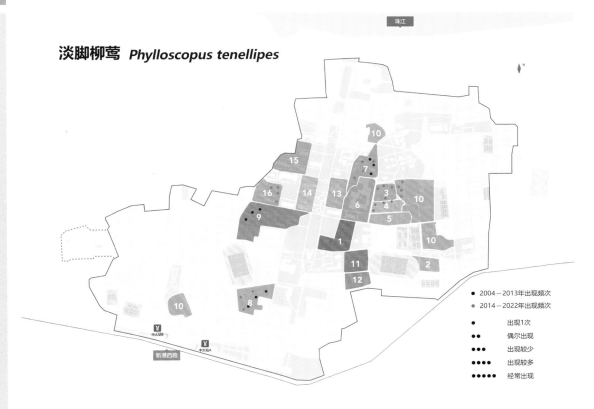

极北柳莺

Phylloscopus borealis

雀形目 Passeriformes
柳莺科 Phylloscopidae

● 体形显修长，全长约 12 cm。上体橄榄绿色，下体污白色。无顶冠纹，黄白色长眉纹前端不到嘴基，过眼纹近黑。2 道翼斑，第二道通常不明显，三级飞羽无浅色羽缘。上嘴基深褐色，下嘴基橙黄色；脚褐色。迁徙期间见于各种有林生境。

● 在广州地区为过境鸟。每年均有少量个体过境康乐园。

极北柳莺 *Phylloscopus borealis*

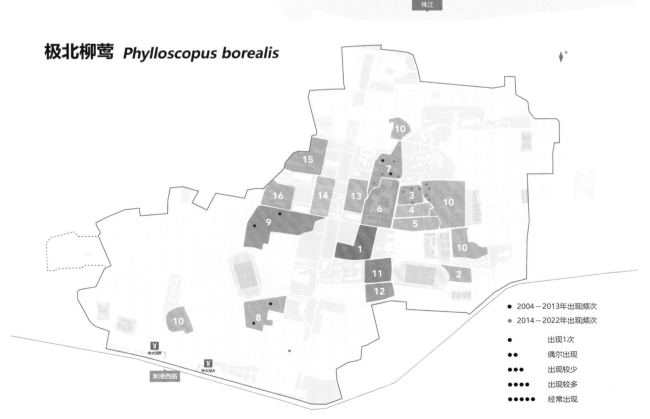

珠江

● 2004—2013年出现频次
● 2014—2022年出现频次

● 出现1次
●● 偶尔出现
●●● 出现较少
●●●● 出现较多
●●●●● 经常出现

冕柳莺
phylloscopus coronatus

雀形目 Passeriformes
柳莺科 Phylloscopidae

● 体长 12 cm。上体橄榄绿色，头顶较暗，中央有一淡色冠纹；贯眼纹暗褐色，眉纹淡黄色；两翼飞羽暗褐色，外翈羽缘黄绿色，翅上有 1 道淡黄绿色翅斑。下体白色，尾下覆羽黄色。上嘴褐色，下嘴肉色；脚褐色。

● 在广州地区为过境鸟。迁徙季节稳定过境康乐园，见于康乐园的模范村、竹园、图书馆北侧、网球场至游泳馆一带树林。

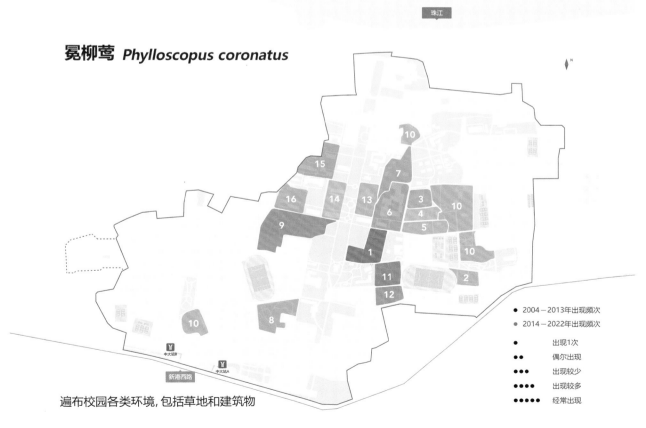

冕柳莺 *Phylloscopus coronatus*

珠江

新港西路

遍布校园各类环境，包括草地和建筑物

● 2004－2013年出现频次
● 2014－2022年出现频次

● 　　　　　出现1次
●● 　　　　偶尔出现
●●● 　　　出现较少
●●●● 　　出现较多
●●●●● 　经常出现

白眶鹟莺

Seicercus affinis

雀形目 Passeriformes
柳莺科 Phylloscopidae

● 全长约 11 cm。头具有蓝灰色顶冠纹、黑色侧冠纹和黄绿色眉纹；眼圈白色或者黄色，在上方断开；上体黄绿色，下体柠檬黄色；一般具有 1 道黄色翼斑；上嘴黑色，下嘴黄色；脚黄褐色。在广东北部繁殖于较高海拔的山区，冬季下迁或者迁徙。

● 在广州地区为罕见过境鸟。康乐园只有 1 次记录，见于园东区网球场西面。

白眶鹟莺 *Seicercus affinis*

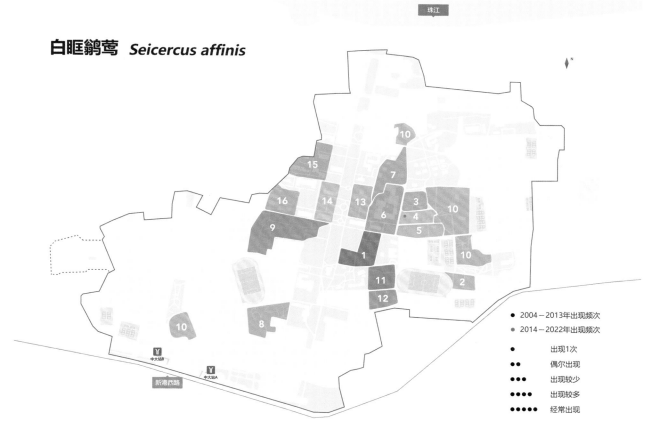

珠江

● 2004－2013年出现频次
● 2014－2022年出现频次

●   出现1次
●●   偶尔出现
●●●   出现较少
●●●● 出现较多
●●●●● 经常出现

灰冠鹟莺

Seicercus tephrocephalus

雀形目 Passeriformes
柳莺科 Phylloscopidae

● 全长约 12 cm。头具有灰色顶冠纹、黑灰色侧冠纹和灰色眉纹,顶冠纹灰色明显,侧冠纹黑色沾灰色,眉纹灰色而前端沾黄绿色;眼圈黄色,在后方断开;上体黄绿色,下体柠檬黄色;翼斑不明显;上嘴黑色,下嘴黄色;脚黄褐色。灰冠鹟莺在广东的繁殖情况暂不明确,但在邻近的江西和福建有见,也见于湖北和浙江等省份。

● 在广州地区为罕见过境鸟。目前康乐园只有 1 次记录。

灰冠鹟莺 *Seicercus tephrocephalus*

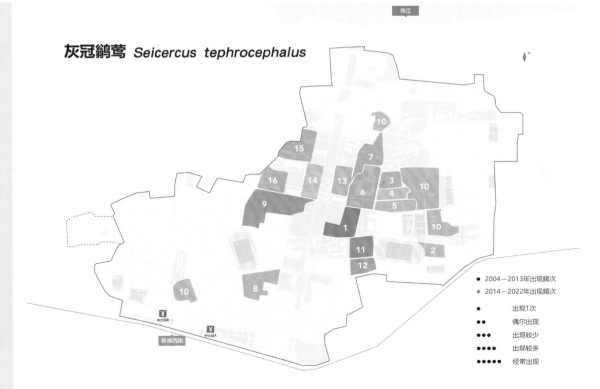

比氏鹟莺

Phylloscopus valentini

雀形目 Passeriformes
柳莺科 Phylloscopidae

● 全长约 12 cm。头具有蓝灰色顶冠纹、黑色侧冠纹和黄绿色眉纹，侧冠纹前端沾黄绿色，与眉纹对比不明显；眼圈黄色而完整；上体黄绿色，下体柠檬黄色；一般具有 1 道黄色翼斑；上嘴黑色，下嘴黄色；脚黄褐色。在华南较高海拔处有繁殖，冬季下迁或者迁徙。

● 在广州地区为罕见过境鸟。康乐园只有 1 次记录，见于东区小平台。

比氏鹟莺 *Phylloscopus valentini*

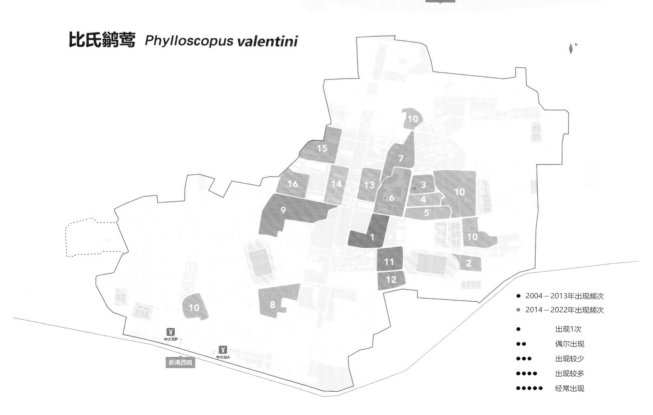

珠江

新港西路

- 2004－2013年出现频次
- 2014－2022年出现频次

- ● 出现1次
- ●● 偶尔出现
- ●●● 出现较少
- ●●●● 出现较多
- ●●●●● 经常出现

栗头鹟莺

Seicercus castaniceps

雀形目 Passeriformes
柳莺科 Phylloscopidae

● 体形较小，全长约 9 cm。顶冠栗红色，侧顶纹黑色，眼圈白色，脸颊及颈部灰色，喉白色。上体橄榄绿色，具 2 道黄色翼斑，腰及下体黄色。上嘴黑褐色，下嘴橘黄色；脚褐灰色。栖息于中低山及山脚地带森林及林缘疏林灌丛。

● 在广州地区为过境鸟。康乐园偶有记录。

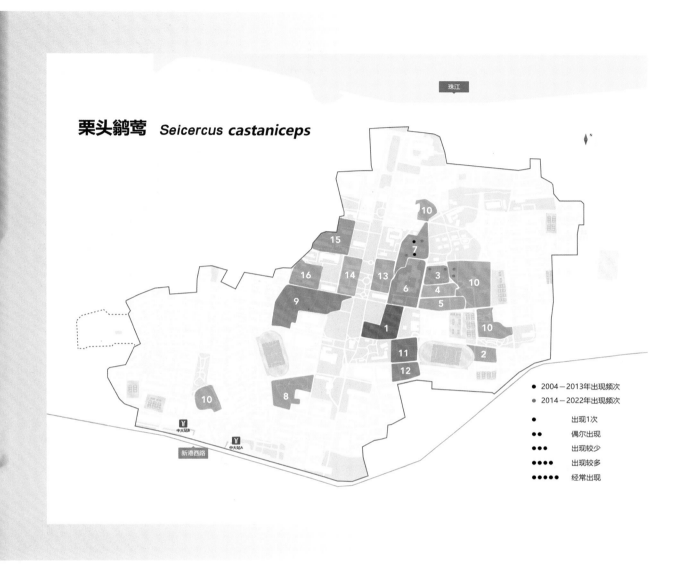

栗头鹟莺 *Seicercus castaniceps*

珠江

N

● 2004—2013年出现频次
● 2014—2022年出现频次

● 　　　出现1次
●● 　　偶尔出现
●●● 　出现较少
●●●● 出现较多
●●●●● 经常出现

中大站B
新港西路
中大站A

淡尾鹟莺

Phylloscopus soror

雀形目 Passeriformes
柳莺科 Phylloscopidae

● 全长约 11 cm。头顶灰色，黑色的顶冠纹和侧冠纹明显，到前额时非常模糊；多数个体翼斑不明显；下体柠檬黄色，2 枚外侧尾羽白色，但内侧 1 枚白色区域较小。上嘴黑色，下嘴黄色；脚黄褐色。

● 在广州地区为过境鸟。2004 年和 2005 年春季分别记录于康乐园的竹园和游泳池附近的矮灌丛中。

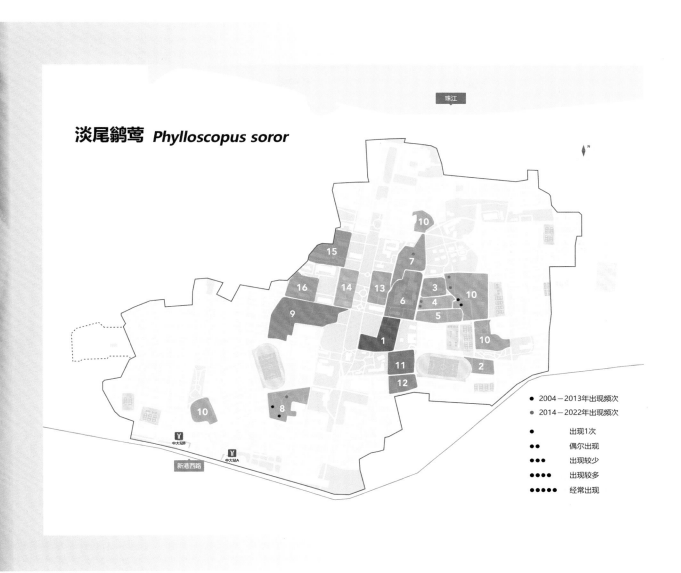

淡尾鹟莺 *Phylloscopus soror*

黑喉噪鹛

Garrulax chinensis

雀形目 Passeriformes
噪鹛科 Leiothrichidae

● 国家二级重点保护野生动物。全长约 26 cm。头、颈和胸腹为深灰色，上体、两翼及尾羽褐灰色，额基、眼先、眼周、喉黑色并延伸至上胸，耳区为一醒目大白斑。

● 在广州地区为留鸟。康乐园过去有繁殖小群，见于园内所有林木茂密的区域，近年数量明显减少。

黑喉噪鹛 *Garrulax chinensis*

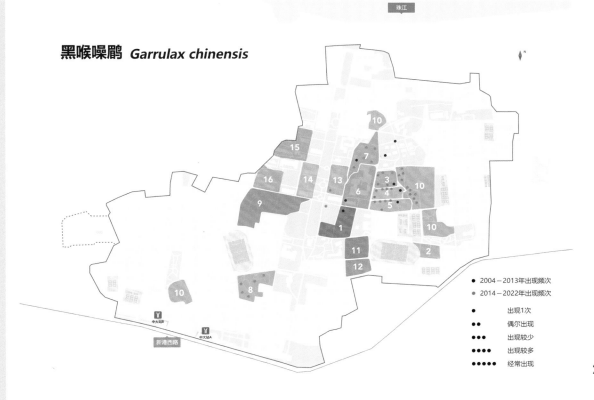

珠江

15
10
7
16 14 13
3
10
9 6
4
5
1
11
10
2
12
10
8

● 2004—2013年出现频次
● 2014—2022年出现频次

● 出现1次
●● 偶尔出现
●●● 出现较少
●●●● 出现较多
●●●●● 经常出现

中大站B
中大站A
新港西路

住木嘤鸣　康乐园鸟类鉴赏

黑脸噪鹛

Garrulax perspicillatus

雀形目 Passeriformes
噪鹛科 Leiothrichidae

● 全长约 30 cm。头、颈至胸灰褐色, 具黑色脸罩; 上体及尾深灰褐色; 下体皮黄色, 尾下覆羽黄褐色。嘴近黑色, 嘴端较淡; 脚红褐色。

● 在广州地区为留鸟。康乐园过去有稳定的小群, 近年种群数量明显减小, 2020 年秋季后再无记录。

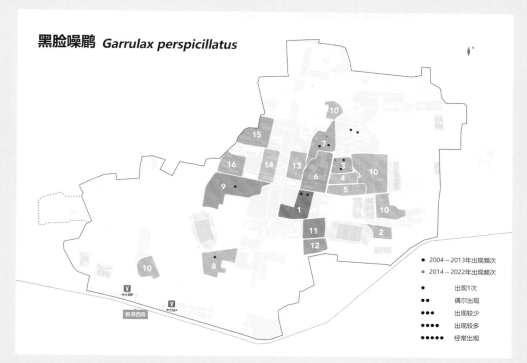

黑脸噪鹛 *Garrulax perspicillatus*

● 2004－2013年出现频次
● 2014－2022年出现频次

● 出现1次
●● 偶尔出现
●●● 出现较少
●●●● 出现较多
●●●●● 经常出现

画眉

Garrulax canorus

雀形目 Passeriformes
噪鹛科 Leiothrichidae

● 国家二级重点保护野生动物，CITES 附录 II 物种。全长约 22 cm。通体深褐色，白色眼圈在眼后延伸成狭窄的眉纹，顶冠、颈背及上胸具深色纵纹；嘴偏黄；脚黄褐色。

● 在广州地区为留鸟。康乐园过去有稳定繁殖群，较常见，近年数量锐减，现已罕见。

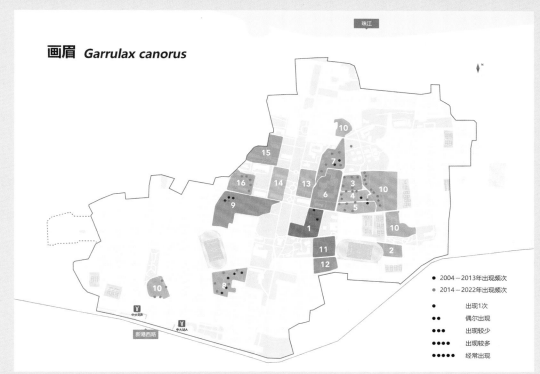

画眉 *Garrulax canorus*

2004—2013年出现频次
2014—2022年出现频次

● 出现1次
●● 偶尔出现
●●● 出现较少
●●●● 出现较多
●●●●● 经常出现

红嘴相思鸟

Leiothrix lutea

雀形目 Passeriformes
噪鹛科 Leiothrichidae

● 国家二级重点保护野生动物，CITES 附录 II 物种。全长约 15 cm。头顶黄绿色，喉部鲜黄色；上体橄榄绿色，初级飞羽和次级飞羽具黄色和红色的羽缘；下体浅黄色，胸橘红色。尾近黑色而略分叉。嘴红色，脚粉红色至黄褐色。

● 在广州地区为留鸟。偶尔游荡进入康乐园，康乐园过去有稳定小群，2020 年后已无记录。

红嘴相思鸟 *Leiothrix lutea*

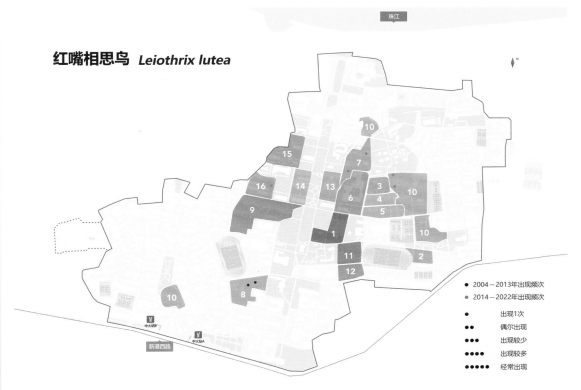

银耳相思鸟

Leiothrix argentauris

雀形目 Passeriformes
噪鹛科 Leiothrichidae

● 国家二级重点保护野生动物，CITES 附录 II 物种。全长 17 cm。头黑，耳区白色，近嘴基额部橘黄色；尾、背及覆羽灰橄榄色，喉及胸橙色，两翼红黄两色，尾覆羽橘黄色。嘴橘黄色，脚黄色。

● 在广州地区为逃逸鸟。康乐园曾有稳定的繁殖小群，可能源于放生或逃逸，2021 年春季后无记录。

银耳相思鸟 *Leiothrix argentauris*

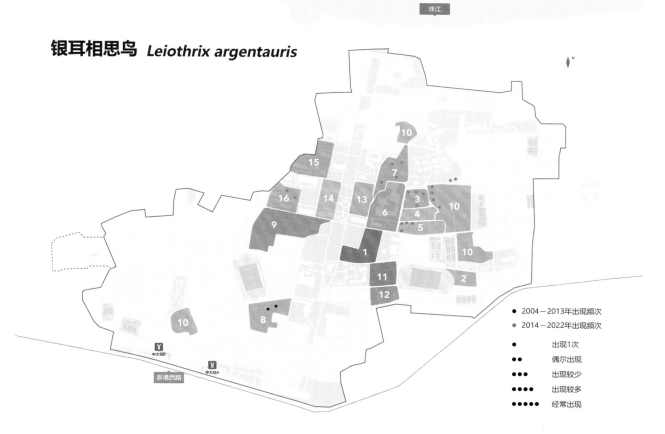

珠江

新港西路

- ● 2004－2013年出现频次
- ● 2014－2022年出现频次

- ● 出现1次
- ●● 偶尔出现
- ●●● 出现较少
- ●●●● 出现较多
- ●●●●● 经常出现

淡眉雀鹛

Alcippe hueti

雀形目 Passeriformes
噪鹛科 Leiothrichidae

● 全长约 14 cm。头灰色，具明显的白色眼圈和不甚清晰的深色侧冠纹；上体为平淡的褐色，下体皮黄色。嘴灰色至黑褐色，脚偏粉色至暗黄褐色。

● 在广州地区为留鸟。偶尔游荡进入康乐园，图书馆小平台过去有稳定小群，2018 年春季后无记录。

淡喉雀鹛 *Alcippe hueti*

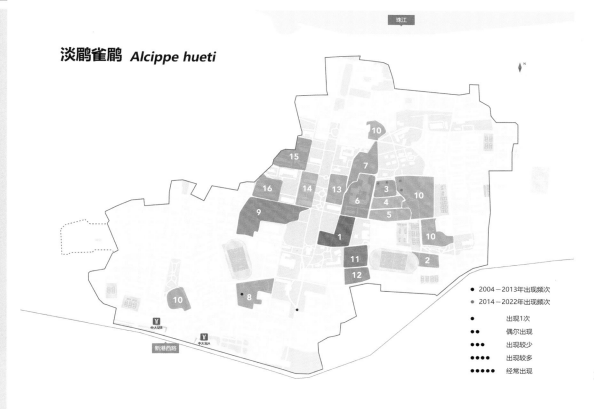

红头穗鹛

Stachyris ruficeps

雀形目 Passeriformes
林鹛科 Timaliidae

● 全长约 12 cm。顶冠棕红色，眼先暗黄色；上体暗橄榄色，喉、胸及头侧沾黄色；下体橄榄黄色，喉具黑色细纹。嘴深灰色，嘴基较浅；脚肉褐色。

● 在广州地区为留鸟。有少量个体偶尔游荡进入康乐园的竹园等。

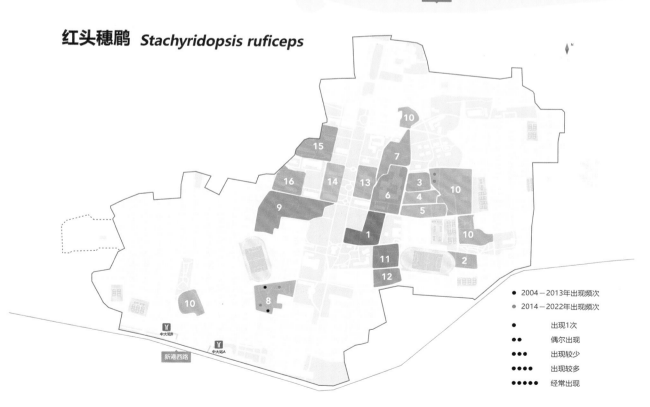

红头穗鹛 *Stachyridopsis ruficeps*

珠江

● 2004－2013年出现频次
● 2014－2022年出现频次

● 出现1次
●● 偶尔出现
●●● 出现较少
●●●● 出现较多
●●●●● 经常出现

棕颈钩嘴鹛

Pomatorhinus ruficollis

雀形目 Passeriformes
林鹛科 Timaliidae

● 全长约 19 cm。头深褐色，具白色长眉纹、宽阔的黑色过眼纹及栗色的颈圈；喉白色，胸具纵纹，下体暗褐色。上嘴色黑，下嘴色黄；脚铅褐色。

● 在广州地区为留鸟。偶尔游荡进入康乐园，图书馆东侧小平台过去有稳定小群，2018年春季后无记录。

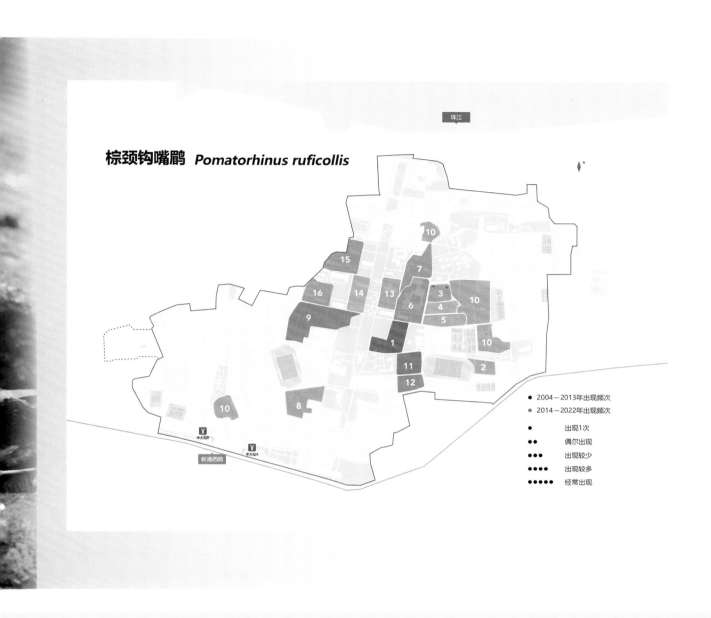

棕颈钩嘴鹛 *Pomatorhinus ruficollis*

栗颈凤鹛

Staphida torqueola

雀形目 Passeriformes
绣眼鸟科 Zosteropidae

● 全长约 13 cm。羽冠灰色，颊部的栗色延伸成后颈圈，并杂白色纵纹；上体灰褐色，具白色羽轴形成的细小纵纹；下体近白色；尾深褐灰色，具白色羽缘。嘴红褐色，嘴端深色；脚粉红色至褐黄色。

● 在广州地区为留鸟。有少量个体偶尔游荡进入康乐园。

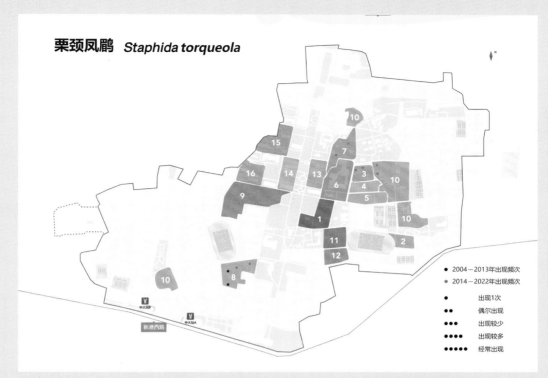

栗颈凤鹛 *Staphida torqueola*

2004—2013年出现频次
2014—2022年出现频次

● 出现1次
●● 偶尔出现
●●● 出现较少
●●●● 出现较多
●●●●● 经常出现

暗绿绣眼鸟

Zosterops japonicus

雀形目 Passeriformes
绣眼鸟科 Zosteropidae

● 全长约11 cm。上体绿色,眼圈白色,颏、喉、上胸及尾下覆羽柠檬黄色,下胸及两胁染灰色,其余下体灰白色。嘴黑色,下嘴基部稍淡;脚暗铅色。

● 在广州地区为留鸟。康乐园常住鸟类,是康乐园种群量最大、最常见的鸟类。

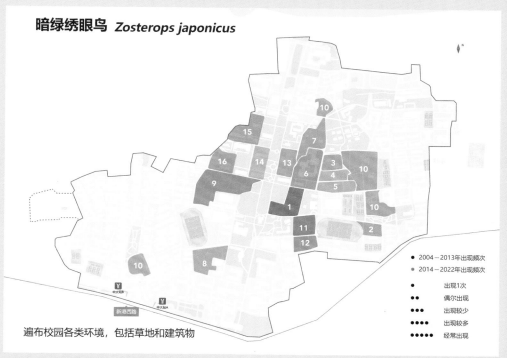

暗绿绣眼鸟 *Zosterops japonicus*

2004—2013年出现频次

2014—2022年出现频次

出现1次

●● 偶尔出现

●●● 出现较少

●●●● 出现较多

●●●●● 经常出现

遍布校园各类环境，包括草地和建筑物

红胁绣眼鸟

Zosterops erythropleurus

雀形目 Passeriformes
绣眼鸟科 Zosteropidae

● 国家二级重点保护野生动物。全长约 11 cm。头和上体灰绿色，眼圈白色，喉部明黄色，喉部以下灰白色，胁部栗红色，尾下覆羽淡黄绿色。

● 在广州地区为不常见过境鸟。康乐园偶有过境记录。

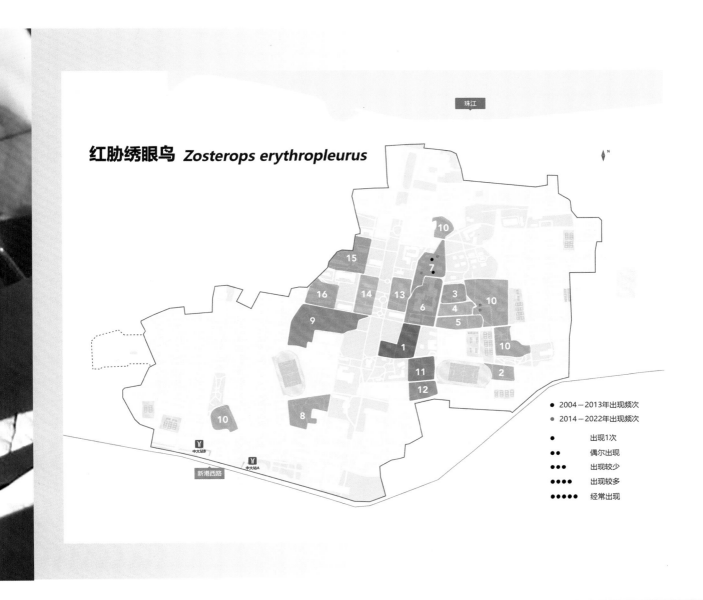

红胁绣眼鸟 *Zosterops erythropleurus*

绒额䴓
Sitta frontalis

雀形目 Passeriformes
䴓　科 Sittidae

● 全长 12 cm。嘴红色，前额黑色，头顶、颈背、体背及尾灰蓝色，眼后耳区、颈侧及其腹面、下体灰粉色，颏近白色。雄鸟眼后沿灰蓝色边缘有 1 道黑色细眉纹。嘴红色而端黑色；脚灰黑色。分布于我国西藏东南部、云南、广西和贵州等地，近年广东中南部和香港时有记录，是自然分布还是放生或逃逸个体尚无定论。

● 在广州地区为放生或逃逸鸟。2008 年冬季至 2009 年春季，1 只雌鸟出现在康乐园，活动于中区和东区高大的木棉树和樟树上，于树皮缝隙中觅食。

绒额䴓 *Sitta frontalis*

珠江

新港西路　中大站A

中大站B

● 2004－2013年出现频次
● 2014－2022年出现频次

● 出现1次
●● 偶尔出现
●●● 出现较少
●●●● 出现较多
●●●●● 经常出现

红头长尾山雀

Aegithalos concinnus

雀形目 Passeriformes
长尾山雀科 Aegithalidae

● 全长约 10 cm。头面部有特征性"脸谱",头顶及颈背栗红色,宽阔的黑色"眼罩"开始于眼先,覆盖整个颊部,延至颈侧,颏、喉白色,有 1 个显著的黑色喉斑;上体灰褐色,下体白色,胸带及两胁栗色。嘴黑色,脚红褐色。

● 在广州地区为留鸟。康乐园过去常见于陈寅恪故居至马岗顶一带,近年数量明显减少,2020 年秋季后再无记录。

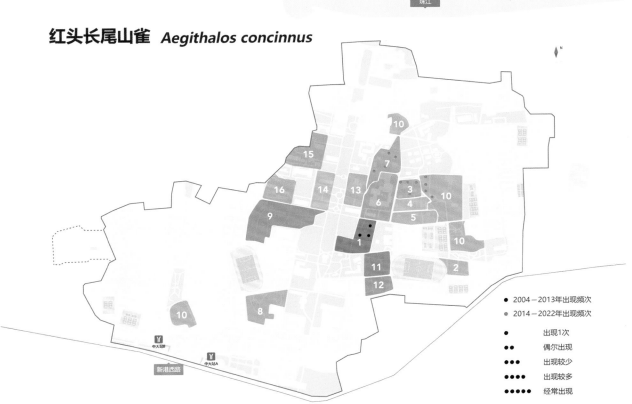

红头长尾山雀 *Aegithalos concinnus*

珠江

● 2004—2013年出现频次
● 2014—2022年出现频次

● 出现1次
●● 偶尔出现
●●● 出现较少
●●●● 出现较多
●●●●● 经常出现

黄腹山雀

Parus venustulus

雀形目 Passeriformes
山雀科 Paridae

● 全长约 10 cm。雄鸟头及喉黑色，颊部和颈背具白色斑块；上体黑灰色，翼具 2 排白色点斑；下体黄色。雌鸟头部灰色，具浅色短眉纹，喉白色，有灰色下颊纹。嘴灰黑色，脚蓝灰色。中国东南部的特有种。

● 在广州地区为冬候鸟过境鸟。康乐园在 2012 年以前有稳定的过冬小群，主要活动于马应彪护养院、陈寅恪故居、马岗顶、图书馆周边至游泳池一带，常在樟树等树干觅食，偶尔也会下到地面觅食。近年再无记录。

黄腹山雀 *Pardaliparus venustulus*

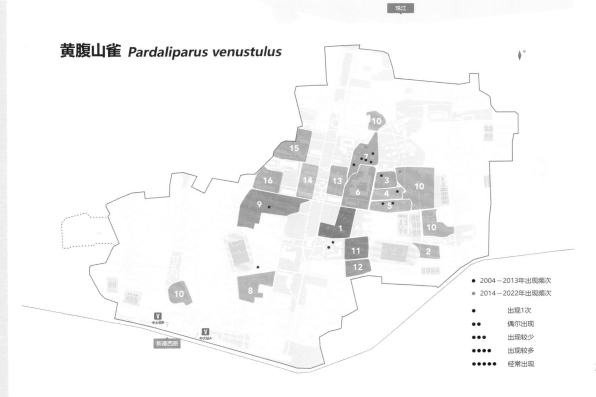

黄颊山雀

Machlolophus spilonotus

雀形目 Passeriformes
山雀科 Paridae

● 全长约 14 cm。雄鸟头顶和冠羽黑色，前额、眼先、头侧和后枕鲜黄色，眼后有一黑眼纹，上背灰黑色，翅黑色有白斑；颏到胸部黑色，沿腹中部至尾下覆，形成 1 条宽阔的黑色纵带，纵带两侧为蓝灰色。雌鸟腹部黑色纵带不明显，上体灰色而沾橄榄绿色。

● 在广州地区为留鸟。偶尔进入康乐园。近年再无记录。

黄颊山雀 *Machlolophus spilonotus*

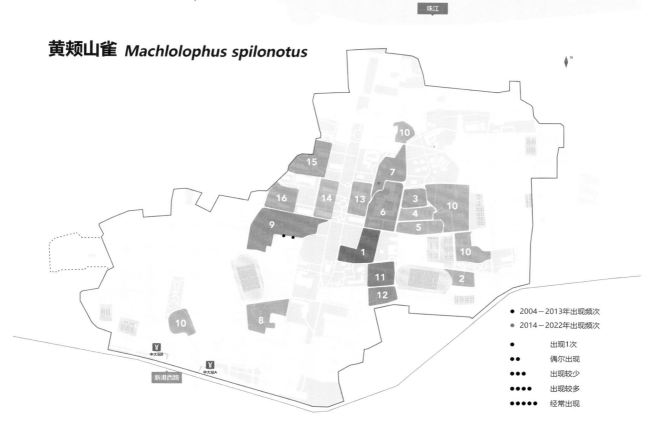

珠江

2004-2013年出现频次
2014-2022年出现频次

● 出现1次
●● 偶尔出现
●●● 出现较少
●●●● 出现较多
●●●●● 经常出现

远东山雀

Parus minor

雀形目 Passeriformes
山雀科 Paridae

● 全长约 14 cm。头上部及喉辉黑色，面颊部和
颈背各具一白斑；上背灰色，下体白色，中央黑
带从喉延至尾下覆羽。幼鸟下体黑带较模糊。
嘴黑色，脚灰褐色。

● 在广州地区为留鸟。康乐园常见留鸟，数量大，
见于各种生境。

红胸啄花鸟

Dicaeum ignipectus

雀形目 Passeriformes
啄花鸟科 Dicaeidae

- 体形小，尾短，全长约 8 cm。雄鸟上体深蓝色，有辉光，黑色"脸罩"延至上胁部；下体皮黄色，胸具猩红色斑块，下胸至腹部中央具狭窄黑纹。雌鸟上体橄榄褐色，下体皮黄色。嘴及脚黑色。

- 在广州地区为留鸟。康乐园全年可见常住鸟类，在康乐园的数量较多，是槲寄生植物的主要传播者。除了 5 月至 6 月中旬的繁殖期，全年可见，并能听到其急促的叫声。

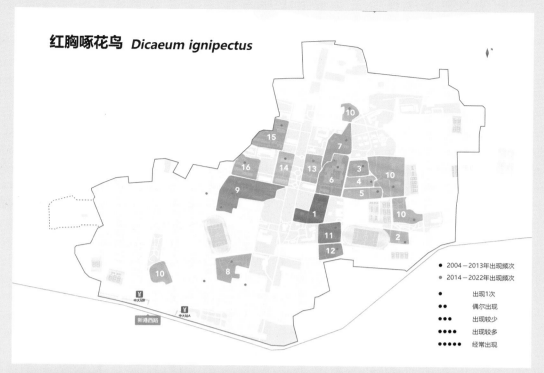

红胸啄花鸟 *Dicaeum ignipectus*

朱背啄花鸟

Dicaeum cruentatum

雀形目 Passeriformes
啄花鸟科 Dicaeidae

● 体形小，尾短，全长约 9 cm。成年雄鸟顶冠、背及腰鲜红色，两翼、头侧及尾黑色，两胁灰色，下体余部皮黄色。雌鸟上体橄榄色，腰及尾上覆羽红色，尾黑色，下体皮黄色。成鸟脚黑色，嘴黑色；幼鸟嘴橘红色。

● 在广州地区为留鸟。康乐园不常见。

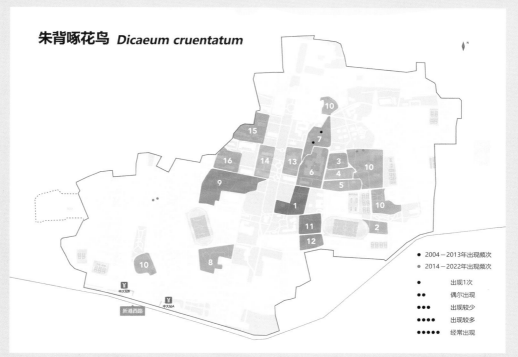

朱背啄花鸟 *Dicaeum cruentatum*

15
10
7
16 14 13 3
9 6 4 10
5
1
11 10
12 2
8
10
10

● 2004—2013年出现频次
● 2014—2022年出现频次

● 出现1次
●● 偶尔出现
●●● 出现较少
●●●● 出现较多
●●●●● 经常出现

叉尾太阳鸟

Aethopyga latouchii

雀形目 Passeriformes
花蜜鸟科 Nectariniidae

- 全长约 10 cm。雄鸟顶冠及颈背金属绿色，脸黑色具辉绿色髭纹。上体深橄榄色，腰黄色；尾上覆羽及中央尾羽闪辉金属绿色，中央2枚尾羽延长，外侧尾羽黑色而端白；喉绛紫色至深红色；下体余部污白色。雌鸟较单调，上体橄榄色，下体浅黄绿色，具模糊的浅色眼圈，尾羽无延长。嘴黑色，脚黑色。

- 在广州地区为留鸟。康乐园全年可见，在康乐园繁殖，为常住鸟类。

叉尾太阳鸟 *Aethopyga latouchii*

- ● 2004－2013年出现频次
- ● 2014－2022年出现频次

●	出现1次
●●	偶尔出现
●●●	出现较少
●●●●	出现较多
●●●●●	经常出现

遍布校园各类环境, 包括草地和建筑物

白鹡鸰

Motacilla alba

雀形目 Passeriformes
鹡鸰科 Motacillidae

● 全长约 17 cm。雌雄均无过眼纹。雄鸟头顶中部至腰黑色，前额、脸及颏部白色，黑色胸斑不与黑色颈背相连；下体白色。雌鸟上体较灰，黑色胸斑较小。第一年冬羽前额至腰灰色或石板色，深色胸斑新月形。栖息于河岸、海岸、农田、城市公园绿地等比较开阔的生境。地面觅食，行走时尾上下摆动，飞行呈波浪式。

● 在广州地区为留鸟。康乐园常住鸟类，全年可见，见于各种开阔生境或建筑物上。

灰鹡鸰

Motacilla cinerea

雀形目 Passeriformes
鹡鸰科 Motacillidae

● 全长约 17 cm。头颈及上体灰色，具狭长的白色眉纹，双翼及尾黑色，外侧尾羽白色；喉白色，腰臀黄色；下体白色，不均匀沾黄色。栖息于溪流、河谷、湖泊、水塘、沼泽等水域岸边或附近的草地、农田及居民区。常单独或成对活动。多在水边地面行走觅食，尾羽上下弹动。

● 在广州地区为冬候鸟。偶见于康乐园。

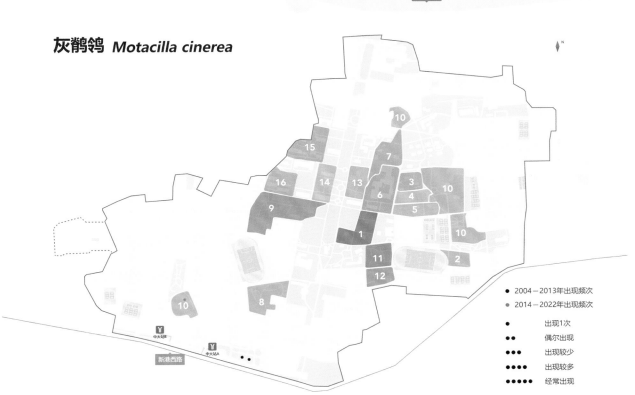

灰鹡鸰 *Motacilla cinerea*

珠江

新港西路

● 2004－2013年出现频次
● 2014－2022年出现频次

● 　　　出现1次
●● 　　偶尔出现
●●● 　出现较少
●●●● 出现较多
●●●●● 经常出现

山鹡鸰

Dendronanthus indicus

雀形目 Passeriformes
鹡鸰科 Motacillidae

● 全长约 16 cm。上体橄榄色,具醒目的乳白色眉纹;翼黑色,具 2 条黄白色翼斑;尾羽褐色,外侧尾羽白色。下体偏白色,具 2 条黑色胸带,下方的胸带有时不完整。多栖息于山间空地、林缘和果园,在地面行走觅食,尾羽不停左右摆动,带动整个身体以后肢为轴左右摆动。

● 在广州地区为罕见过境鸟。近年偶有个体出现在康乐园的东北区小树林、小平台至游泳池一带。

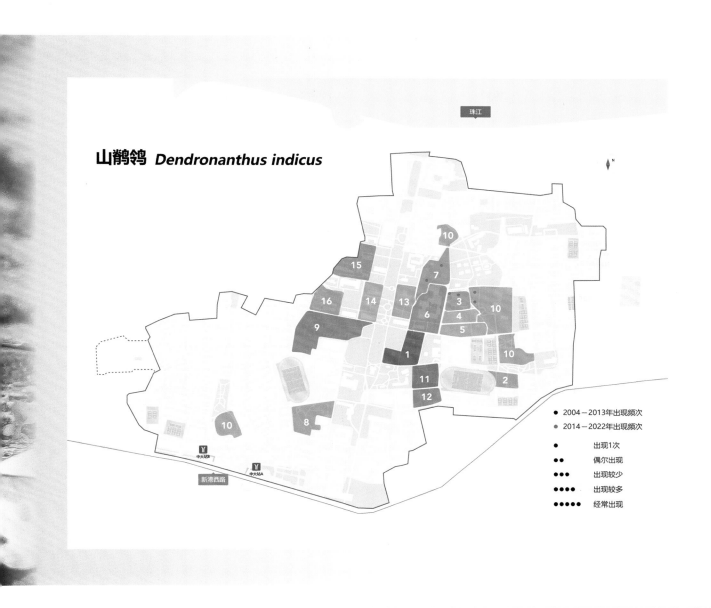

山鹡鸰 *Dendronanthus indicus*

珠江

N

● 2004－2013年出现频次
● 2014－2022年出现频次

● 出现1次
●● 偶尔出现
●●● 出现较少
●●●● 出现较多
●●●●● 经常出现

中大站B
新港西路
中大站A

雀
形
目

树鹨

Anthus hodgsoni

雀形目 Passeriformes
鹡鸰科 Motacillidae

● 全长约 16 cm。上体橄榄绿色，有褐色纵纹；头部眉纹黄白色，眼后有一白斑；下体灰白色，胸部有浓密的黑色纵纹。多见于林间旷地、农田、公园草地，在地上行走觅食。受惊会飞到附近树上，停栖时尾上下摆动。

● 在广州地区为冬候鸟。康乐园过去有越冬群，见于多处草坪，近年偶有记录。

树鹨 *Anthus hodgsoni*

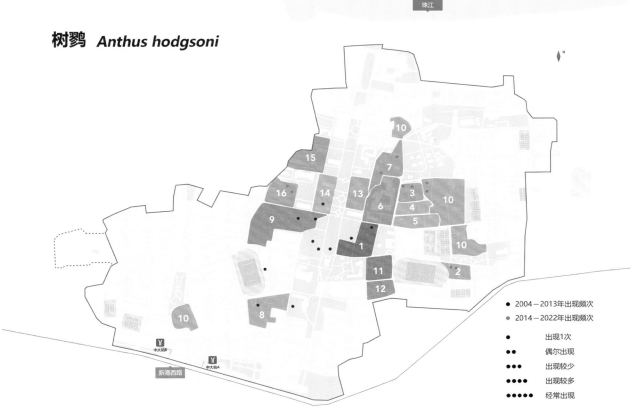

珠江

N

- 2004—2013年出现频次
- 2014—2022年出现频次

- 出现1次
- 偶尔出现
- 出现较少
- 出现较多
- 经常出现

麻雀

Passer montanus

雀形目 Passeriformes
雀　科 Passeridae

● 全长约 14 cm。成鸟顶冠至枕部暗栗色，颊部白色，具特征性黑斑；有白色的颈圈；上体褐色，具深色纵纹，下体皮黄色，颏、喉中央具黑斑。嘴黑色，冬季下嘴基黄色；脚粉褐色。

● 在广州地区为留鸟。康乐园常住鸟类，伴人而居，近年数量明显减少。

麻雀 *Passer montanus*

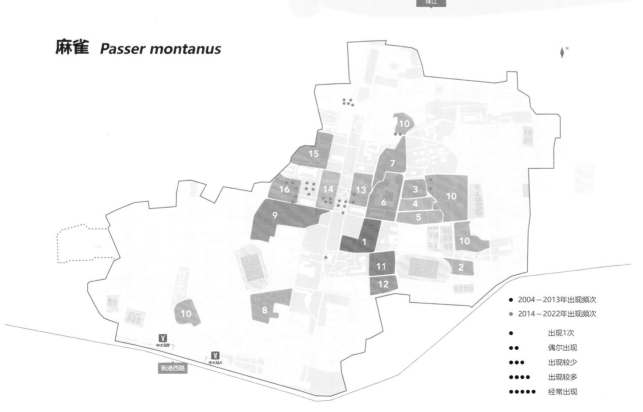

珠江

新港西路

● 2004－2013年出现频次
● 2014－2022年出现频次

●   出现1次
●●   偶尔出现
●●●   出现较少
●●●●   出现较多
●●●●● 经常出现

白腰文鸟

Lonchura striata

雀形目 Passeriformes
梅花雀科 Estrildidae

● 全长约 11 cm。头及上体深褐色，眼周较黑，背上有纤细的白色纵纹；腰白色；尾尖形，黑色；下体污白色，喉、胸及臀栗褐色，具皮黄色鳞状斑。幼鸟色较淡，腰皮黄色。上嘴黑色，下嘴蓝灰色；脚深灰色。

● 在广州地区为留鸟。康乐园常见留鸟，近年在竹园有较大繁殖群，较常见。

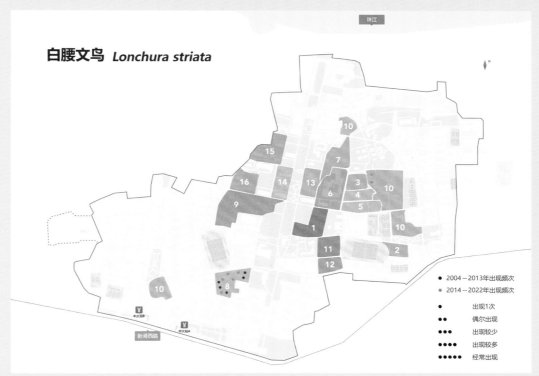

白腰文鸟 *Lonchura striata*

● 2004-2013年出现频次
● 2014-2022年出现频次

● 　　　出现1次
●● 　　偶尔出现
●●● 　出现较少
●●●● 出现较多
●●●●● 经常出现

斑文鸟

Lonchura punctulata

雀形目 Passeriformes
梅花雀科 Estrildidae

● 全长约 10 cm。上体褐色,喉红褐色,下体白色,胸及两胁具深褐色鳞状斑。幼鸟下体皮黄色,无鳞状斑。嘴蓝灰色,脚灰黑色。

● 在广州地区为留鸟。康乐园全年可见,见于竹园和生命科学学院实验鱼塘。

斑文鸟 *Lonchura punctulata*

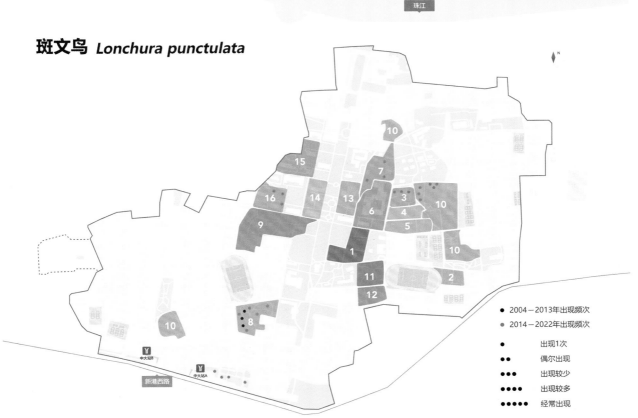

珠江

新港西路

中大站B

中大站A

● 2004—2013年出现频次
● 2014—2022年出现频次

● 　　　　出现1次
● ● 　　　偶尔出现
● ● ● 　　出现较少
● ● ● ● 　出现较多
● ● ● ● ● 经常出现

黑尾蜡嘴雀

Eophona migratoria

雀形目　Passeriformes
燕雀科　Fringillidae

● 全长约 17 cm。雄鸟通体灰色，具黑色"头罩"，两翼黑色，飞羽及初级覆羽羽端白色，臀黄褐，尾下覆羽白色。雌鸟褐色较重，无黑色"头罩"。嘴深黄色，嘴端黑色；脚粉褐。

● 在广州地区为夏候鸟或留鸟。秋冬春季在康乐园较常见，曾有小群在 6 月底出现在康乐园。

黑尾蜡嘴雀 *Eophona migratoria*

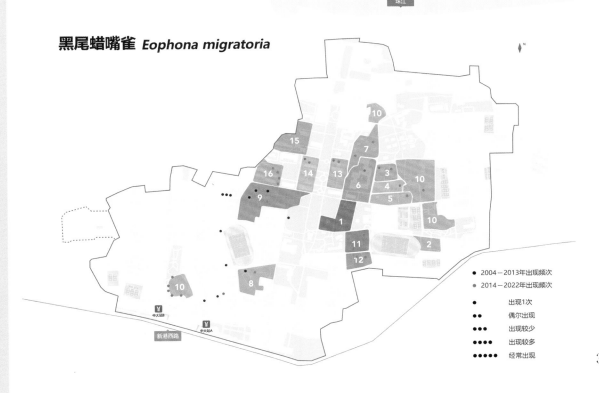

珠江

- 2004—2013年出现频次
- 2014—2022年出现频次

•	出现1次
••	偶尔出现
•••	出现较少
••••	出现较多
•••••	经常出现

金翅雀

Chloris sinica

雀形目 Passeriformes
燕雀科 Fringillidae

● 全长约13 cm。成年雄鸟头及颈背灰色，颊和颏染黄色，背褐色，翼斑、腰、外侧尾羽基部及臀黄色，尾略成叉形。雌鸟色暗。嘴偏粉色，尖端暗色；脚粉褐色。

● 在广州地区为留鸟。秋冬和春季在康乐园均可见，常在大叶紫薇树上觅食。

金翅雀 *Chloris sinica*

珠江

2004—2013年出现频次
2014—2022年出现频次

● 出现1次
●● 偶尔出现
●●● 出现较少
●●●● 出现较多
●●●●● 经常出现

白眉鹀
Emberiza tristrami

雀形目 Passeriformes
鹀　科 Emberizidae

● 全长约 15 cm。雄鸟头、喉黑色，具白色的顶冠纹、眉纹和髭纹，耳羽后方有一白点；上体灰棕色，具深色纵纹，飞羽、尾上覆羽及尾栗红色；下体白色，胸及两胁染暗棕色并具深色纵纹。雌鸟色较暗淡。上嘴深灰色，下嘴偏粉色；脚粉色。

● 在广州地区为冬候鸟或过境鸟。康乐园偶见越冬的单只个体。

珠江

白眉鹀 *Emberiza tristrami*

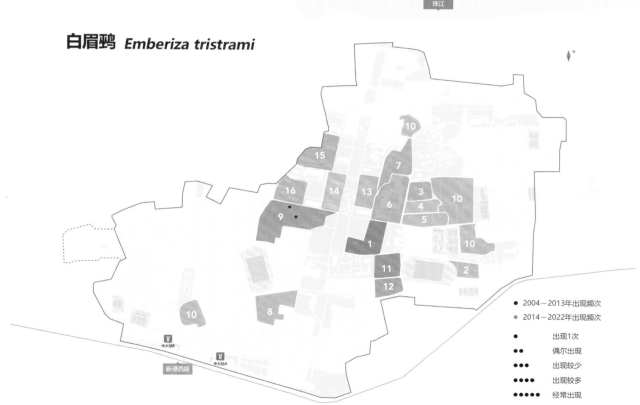

● 2004－2013年出现频次
● 2014－2022年出现频次

●　　　　出现1次
● ●　　　偶尔出现
● ● ●　　出现较少
● ● ● ●　出现较多
● ● ● ● ●　经常出现

栗鹀

Emberiza rutila

雀形目 Passeriformes
鹀　科 Emberizidae

● 全长约 15 cm。雄性上体从头至尾上覆羽，包括头侧、额、喉和上胸栗红色。翅膀飞羽暗褐色，下体黄色。雌鸟上体灰色，有黑色条纹，腹部浅黄色，两胁浅栗色。嘴深褐色，脚淡肉褐色。

● 在广州地区为过境鸟。康乐园共有 3 次记录，分别记录于生命科学学院实验鱼塘、图书馆北侧小树林和竹园。

栗鹀 *Emberiza rutila*

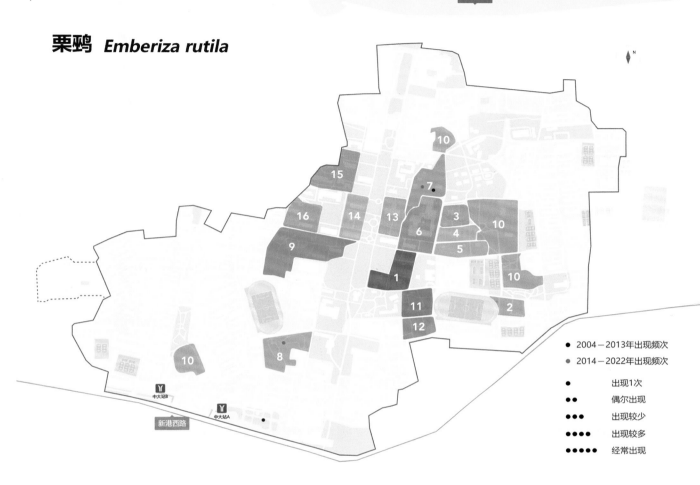

珠江

新港西路

- 2004－2013年出现频次
- 2014－2022年出现频次

●	出现1次
●●	偶尔出现
●●●	出现较少
●●●●	出现较多
●●●●●	经常出现

小鹀

Emberiza pusilla

雀形目 Passeriformes
鹀　科 Emberizidae

● 全长约 13 cm。头部栗红色，有小羽冠，头侧线和耳羽后缘黑色，上体沙褐色，背部有暗褐色纵纹，下体偏白，胸及两胁有黑色纵纹。雌鸟羽色较淡，无黑色头侧线。

● 在广州地区为冬候鸟。康乐园只有 1 次记录，出现在校博物馆地块平整围蔽期间。

334

小鹀 *Emberiza pusilla*

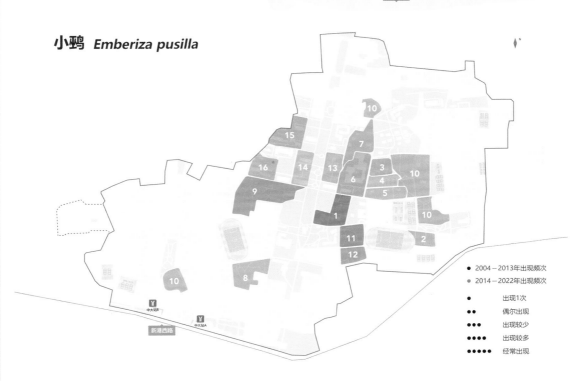

黑冠鸦

Gorsachius melanolophus

鹈形目 Pelecaniformes
鹭　科 Ardeidae

● 国家二级重点保护动物。体型较大，粗壮，全长 49 cm。成鸟头顶具黑色短冠羽，上体栗褐色，具黑色点斑，下体棕黄色而具黑白色纵纹，颏白色并具由黑色纵纹而成的中线。飞行时可见黑色的飞羽及白色翼尖。亚成鸟上体深褐色，具白色点斑及皮黄色横斑；下体苍白色，具褐色点斑及横斑。虹膜黄色，眼周裸露皮肤橄榄色；嘴橄榄色，粗短而略下弯；脚橄榄色。在我国为罕见留鸟或夏候鸟，见于云南西南部、广西、广东及海南岛的低地。夜行性鸟，白天躲藏在浓密植丛或近地面处，夜晚在开阔地进食。

● 在广州地区可能为夏候鸟或留鸟。2022 年春季栖息于康乐园图书馆东侧小平台数天,同期在深圳、珠海、肇庆顶等多地有其记录报道,说明该鸟在广东有一定种群量,由于较隐蔽而过去少有记录。

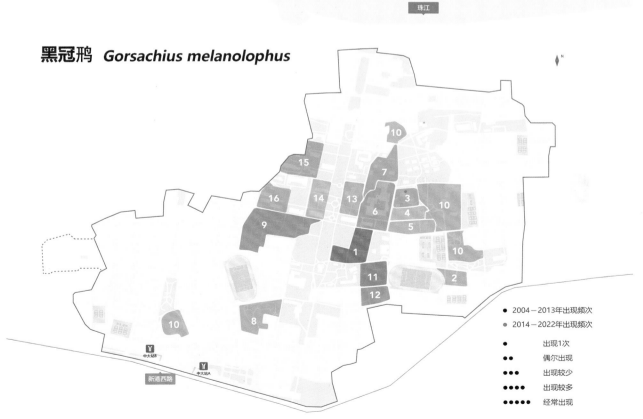

黑冠鳽 *Gorsachius melanolophus*

珠江

● 2004－2013年出现频次
● 2014－2022年出现频次

● 　　出现1次
●● 　　偶尔出现
●●● 　　出现较少
●●●● 　　出现较多
●●●●● 经常出现